서울에서 열차 타고
상트페테르부르크까지

차준영의
시베리아 · 몽골 횡단 기행

일진사

차준영의
시베리아 · 몽골 횡단 기행

2008년 9월 20일 초판 인쇄
2008년 9월 25일 초판 발행

글 : 차준영
사진 : 허정호
일러스트 : 차예슬
편집 : 김현옥

펴낸이 : 이정일
펴낸곳 : 도서출판 **일진사**
        www.iljinsa.com

140-896 서울시 용산구 효창동 5-104
전화 : 704-1616, 팩스 : 715-3536
등록 : 1979.4.2, 제3-40호

값 18,000원

ISBN : 978-89-429-1051-9

설레이는 여행길, 벗이 되어 드리겠습니다.

To ....

....

....

....

....

From ....

프롤로그

'철의 실크로드' 여행을 다시 꿈꾸며

블라디보스토크에서 상트페테르부르크까지는 철길로 대략 1만km, 지구 둘레의 4분의 1이나 되는 머나먼 길이다. 러시아 극동의 이쪽 끝에서 저쪽 끝까지 열차로 쉬지 않고 달려도 꼬박 7일이 걸린다.

그 길을 따라 필자는 사진 기자 허정호 씨와 함께 두 달간 취재여행을 했다. 열차를 타고 가다가 주요 도시에 내려 며칠씩 취재를 한 뒤 다음 도시로 이동했다. 귀로에는 바이칼 호 부근 이르쿠츠크에서 몽골횡단열차를 타고 베이징까지 3000km를 철도로 여행했다.

그간 둘러본 곳은 대략 20개 도시. 도시 안팎의 풍물을 살피면서도 관심을 기울여 살피고자 했던 것은 학창시절 내 마음 한 켠, 아니 의식의 저변에까지 영향을 미친 러시아 작가와 지식인의 행적이었다. 이런 까닭에 톨스토이나 도스토예프스키 · 푸시킨 · 고리키 · 파스테르나크 같은 작가들의 집과 발자취를 더듬어보았고, 자유와 평화를 갈구하며 체제의 질곡에 맞서 싸운 사하로프의 유배지를 찾기도 했다. 쿠데타에 실패한 뒤 시베리아에서 유형 생활을 한 청년 장교 데카브리스트들의 유배지에서는 남편을 따라가 헌신한 여인들의 고결한 사랑의 자취를 보며 가슴이 뜨거워지기도 했다.

철길이 없던 시절 영하 20~30도의 추위가 5개월이나 이어지는 시베리아는 '죽음의 땅'이 아니었으랴. 그 혹한을 녹이고도 남을 뜨거운 사랑과 헌신은 애절하면서도 강인했고 아름다웠다.

한인들의 발자취도 관심사였다. 연해주의 발해유적지를 비롯해 항일운동 자취와 옛 김일성부대 주둔지의 막사를 찾아보았고, 여기 저기서 한인 후예들의 애환을 경청하기도 했다.

비행기를 타고 훌쩍 날아가는 여행과 달리 육로를 따라 찾아다니는 여행은 훨씬 진하고 깊은 느낌을 준다. 산 설고 물 설은 이국 땅 낯선 얼굴들, 바이칼 호의 시린 물결과 크라스노야르스크 스톨비의 눈 덮힌 산, 정교회 성당에서 울려 퍼지는 찬송, 성호를 그리며 교회 앞에 고개 숙인 노파들… 이국에서 마주치는 그러한 풍광들은 때로는 아름답고 때로는 처연하게 잊지 못할 추억으로 되살아나곤 한다.

시나브로 어둠이 내리는 이르쿠츠크의 숲길, 몽골 테렐지의 푸른 초원과 별이 총총히 빛나던 밤하늘은 다녀온지 여러 해가 지난 지금까지도 기억 속에 출몰한다. 그 속에서 땀 흘리고 더러는 피눈물을 흘리며 생명과 영혼의 심지를 불태웠을 뭇사람의 형상이 파노라마로 떠오른다.

이 취재 여행기는 가슴 설레던 그 여정의 되새김질이다. 여행의 출발은 머잖아 남북한 철도가 이어지리라는 기대감이 싹트던 김대중 정부 시절인 2000년 가을이었다. 취재 내용은 2001년 2월 초부터 1년 동안 '철의 실크로드 1만 3천km를 가다' 라는 주제로 매주 세계일보에 연재되었다.

연재를 하면서 몇 년 뒤면 남북한 철도가 이어지지 않을까 기대했지만, 현실의 변화란 역시 생각보다 더디기 마련이다. 경의선과 동해선 열차의 남북 시험 운행이 2007년에야 겨우 성사됐다. 베이징올림픽 때 남북한 응원단이 열차편으

로 신의주를 거쳐 베이징에 가자던 논의도 있었지만 결국 헛물만 켜고 말았다.

본격적인 남북철도 여행은 아직도 멀어 보인다. 하지만 그 날은 반드시 올 것이다. 서울에서 열차를 타고 평양으로, 모스크바나 상트페테르부르크를 갈 수 있는 날이 오고야 말 것이다. 속히 그날이 오기를 염원하며, 그 꿈을 키우는 마음으로 취재수첩을 다시 살피고 기억과 기록을 되살렸다.

이 책은 신문에 연재했던 내용을 기본 골격으로 하고 있다. 철길 따라 형성된 도시의 역사와 풍물, 그 속에 얽힌 러시아인과 한인들의 혼이 서린 발자취를 보고 느낀 대로 소개한다. 신문 지면의 제약으로 미처 싣지 못했던 내용이나 사진들, 여행 정보를 추가로 보완했다. 여행기 성격을 벗어난 일부 경제적인 내용과 통계치 등은 생략하거나 최소한으로 줄였다. 전체적으로는 보다 편하게 읽혀지기를 기대했기 때문이다.

여러 해가 흐르고 또 흘렀는데도 필자에게 출판을 권유하고 용기를 북돋아주신 분들께 깊이 감사드린다. 뒤늦게나마 그분들께 마음의 빚을 갚게 돼 한편으론 홀가분하다. 경기가 침체된 이때 출판의 용단을 내려주신 일진사 이정일 대표님, 몇 달에 걸친 편집 과정의 수고를 아끼지 않은 현옥 씨에게도 고마운 뜻을 새겨두고 싶다.

남북의 철도여행길이 열린 깃은 아니지만, 시베리아—몽골횡단철도여행은 사실 어렵지 않다. 마음만 먹고 시간만 낼 수 있다면 모스크바나 블라디보스토크, 베이징에서도 비교적 적은 돈으로 느긋하게 여행길에 나설 수 있다. 시베리아—몽골횡단철도로 여행하려는 분들께 이 책이 다소나마 도움이 된다면 더

할 나위 없는 보람이다.

남과 북은 같은 겨레인데도 반세기가 넘도록 서로에게 문을 닫아걸고 있다. 이념과 체제가 대체 무엇이기에 이렇게까지 불신과 증오의 벽을 쌓아 온 것인가. 멀리 유럽이나 중국, 러시아 땅은 쉬 오갈 수 있는데, 지척에 있는 고향의 산천과 친지들의 집을 오가는 것은 왜 이리 힘이 드는가.

이제는 소통의 길을 찾고 넓혀야 한다. 백두산에서 한라산까지, 낙동강에서 두만강까지, 태평양으로 유라시아 대륙으로 서로 오가는 길을 활짝 열어야 한다. 자동차 길과 철길로 삼천리 강산 곳곳을 서로 오가고, 한반도 전체가 유라시아 대륙과 소통하게 해야 한다. 길이 뚫리고 그 길이 넓어지면 높이 쌓아올렸던 이념과 제도의 장애도, 불신의 벽도 무너져 내릴 것이다. 대륙의 일부이면서도 섬이나 다름 없었던 남한 땅은 단절에서 벗어나게 될 것이며 남북 간 증오의 역사는 과거지사가 되어 서로 손잡고 시베리아로 세계로 진출할 날이 오게 될 것이다.

한반도가 대륙으로 길을 여는 것은 드넓은 세상으로 의식의 지평을 여는 것이다. 한민족의 창세기가 시작된 곳, 역사 이전부터 조상들 삶의 터전이었고 고조선과 고구려와 발해의 활동 공간이었으며, 항일 독립운동의 무대이기도 했던 만주와 시베리아 벌판, 나아가 유라시아 대륙 전체가 우리에게 새로운 기회의 땅이자 활동 공간으로 열리는 것이다.

그런 꿈을 안고 시베리아 여행을 다시 떠나고 싶다. 그 꿈을 지닌 분들, 시베리아를 달리고픈 분들께 이 책을 바친다.

2008년 9월　차준영

Contents

SPRING 1984

취재 여행 경로

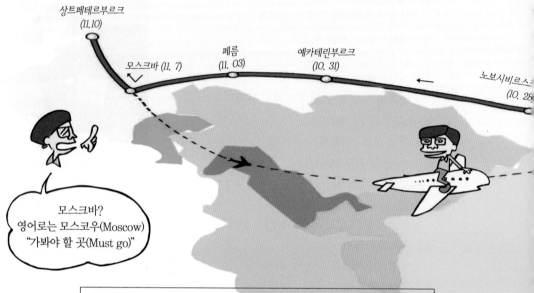

상트페테르부르크
(11. 10)

모스크바 (11. 7)

페름
(11. 03)

예카테린부르크
(10. 31)

노보시비르스크
(10. 28)

모스크바?
영어로는 모스코우(Moscow)
"가봐야 할 곳(Must go)"

*여행 기간 : 55일(2000. 10. 6~11. 29)+10일(2002. 7. 20~29)
*여행지 : 상트페테르부르크 등 17개 도시와 인근 지역. 도시마다 3~4일 취재
*이동 수단 : 주로 철도(쿠페) 야간 열차 이용
*숙소 : 호텔 또는 유스호스텔

'철의 실크로드' 취재는 2000년 10월 6일부터 11월 29일까지 55일간 1만 3000km의 철도여행을 통해 이루어졌다. 사진 기자인 허정호 씨와 함께였다.

열차를 타기 전 북한과의 접경지대인 하산과 자루비노 항을 비롯해 발해유적지를 둘러본 뒤 본격적인 철도여행을 시작했다.

이즈음 블라디보스토크 주변은 단풍에 물들어 있었는데, 10여 일 뒤 도착한 바이칼 호 부근 울란우데는 온통 흰 눈에 덮혀 있었다.

한 달 뒤 몽골횡단열차로 다시 바이칼 호 주변을 지날 즈음엔 영하 27도의 날씨에 무릎 높이 만큼 눈이 쌓여 있었다. 이곳은 한겨울이면 기온이 영하 40도까지 내려간다.

횡단노선의 동서 간 시간대는 일곱 번이나 바뀐다. 모스크바가 0시면 블라디보스토크는 오전 7시. 열차시간표는 지역별 시차에 따른 혼란을 피하려고 어디서나 모스크바 시간을 기준으로 삼는다. 중간에 열차에서 내리지 않고 계속 달려도 종착역까지 꼬박 6박 7일(160시간)이 걸린다.

횡단열차 객실은 모두가 침대칸이다. 취재진은 열차여행 때 시종 4인용 '쿠페'를 이용했다.

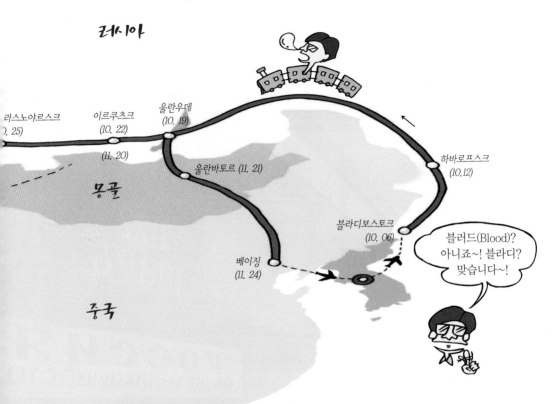

시베리아횡단철도 전 구간의 1인 요금은 요즘 400달러. 요금이 비싼 2인용 룩스, 서민이 주로 이용하는 6인용 객실 '플라취'도 있다.

쿠페는 좌우 2층으로 침대가 두 개씩 놓여 있다. 남녀 구분된 칸을 운영하지 않아 생면부지의 남녀가 한 객실을 이용하는 경우도 흔하다.

장거리 여행으로 며칠씩 기차 안에 갇혀 있다보면 창밖의 풍경에도 지루함을 느끼기 마련. 옆 사람들 또는 이웃 쿠페 여행객들과 많은 이야기를 나누게 된다.

11월 중순, 몽골의 날씨는 서울의 엄동설한보다 매서웠다.

박물관과 사찰 위주로 주마간산처럼 지나친 몽골여행이 아쉬워 필자는 취재 내용을 보완할 겸 이듬해 7월 20일, 9박 10일 일정으로 다시 몽골을 찾았다.

울란바토르 시내 곳곳을 돌아보고 테렐지 등지의 드넓은 초원에서 말을 달리며 며칠간 몽골의 자연과 몽골인의 체취를 느낄 수 있었다.

유라시아 대동맥 시베리아횡단철도

극동~유럽 잇는 다이렉트 육로
경제·문화 교류 중추 역할 기대

　　지구상에서 가장 큰 땅덩어리를 가진 러시아는 철도 길이도 세계 최장을 자랑한다. 총연장 8만 6천여km. 지구를 두 바퀴 이상 휘감을 수 있는 길이다.

　　러시아 철도 중 모스크바에서 블라디보스토크까지 러시아의 동·서를 잇는 시베리아횡단철도는 길이가 자그마치 9288km, 연간 승객 1억5천만 명과 화물 1억 t을 실어 나를 수 있다. 단일 노선으로도 세계 최장을 자랑한다.

25년 공사 끝에 일궈낸 인간 도전의 산물

시베리아횡단철도는 당초 제정 러시아가 중국과 영국 등 열강의 극동 팽창을 견제하는 한편 시베리아 등지의 개발을 겨냥해 건설했다. 철도망은 당시로선 병력과 무기를 대량 운송하는 수단이라는 점에서 군사전략적인 의미도 컸다. 1891년, 블라디보스토크와 하바로프스크를 잇는 우수리선 착공 이후 1916년 아무르 철교의 완성을 끝으로 모든 구간이 개통됐다. 죄수와 군인, 중국인 노동자들이 대거 동원된 이 공사는 혹한과 홍수, 질병, 전쟁 등 모진 난관 속에서 숱한 인부들이 목숨을 잃어야 했다.

시베리아 개발과 산업화의 견인차 역할을 위해 인간 한계에 맞선 도전 속에서 어렵게 태어난 이 철도는 최근 거대한 정보고속도로망을 갖춤으로써 유라시아 동서를 잇는 물류의 핵심축으로 잠재력을 키워가고 있다.

철도 정보화로 화물 이동 손금 보듯

모스크바는 물론 북한과 인접한 하산 등 철길이 닿는 모든 중소도시까지 광케이블이 깔려 모든 컨테이너 화물의 위치를 손금 보듯 어디서나 실시간으로 파악할 수 있게 된 것이다. 남북의 철도가 이어지고 부산에서 북한을 거쳐 시베리아횡단철도로 컨테이너를 보내면 여태껏 유럽까지 뱃길로 40일 가량 걸리던 운송시간이 15일 정도로 단축된다. 시간과 물류비용이 엄청나게 줄어드는 셈이다.

러시아와 북한은 통과 화물 수익으로 재미를 보게 될 것이며, 중국 동북 3성과 연해주 등 극동지역 한인들의 생활권도 철도로 이어져 한민족의 대륙 진출은 더욱 활기를 띨 것이다.

세계 최대의 삼림지대인
시베리아의 숲.
낙엽송·전나무
소나무 등 침엽수가
많고 자작나무 같은
활엽수도 번성한다.

1
새롭게 다가온 유라시아

1세기만에 열리는 21세기 실크로드

저 광활한 유라시아 대륙이 우리 앞에 열린다.
만주와 시베리아 벌판, 바이칼 호와 고비사막, 우랄산맥을 넘어
유럽으로 이어지는 새로운 '철의 실크로드' 시대가 열리는 것이다.
서울~개성을 잇는 경의선과 동해선 남북의 철길이
50여 년만에 이어졌다. 남북관계만 복원되면 서울에서 중국과 몽골,
러시아와 서유럽이 단일생활권으로 연결된다.
한반도는 이제 아시아의 변방이 아니라 태평양에서 대륙으로
동과 서를 관통하는 중심축의 시발점이 된다.
우리는 너무 오랫동안 분단의 장벽에 갇혀 옹색하게 살아왔다.
이제야말로 닫힌 공간을 활짝 열어젖히고
멀리 드넓은 천지를 바라보아야 한다.
일찍이 조상들이 품었던 대륙 개척의 웅대한 프런티어 정신을 펼칠 때다.
사고와 행동의 지평을 넓혀 새로운 21세기의 실크로드로 달려가자.

1 · 하산 · 자루비노 항

개방 바람 타고 물류거점 발돋움

여행 첫날, 시베리아횡단철도 취재 여행 첫 기착지인
블라디보스토크 역에 내린 취재진은 이튿날부터
주변 도시와 항구, 발해 유적지 등 한인들의 발자취를 찾아 나섰다.
가장 먼저 찾은 곳은 두만강 하구에 위치한 하산 역과 자루비노 항.
이곳은 최근 15년 새 개방 훈풍을 타고 아시아의 물류거점으로 뜨고 있는 곳이다.

블라디보스토크에서 하산까지는 260여km 거리다. 운전수 외에 기자 2명, 극동 고고학연구소의 블라디슬라프 볼딩 박사와 통역 등 4명의 취재진은 8인승 도요타 승합차에 몸을 싣고 오전 7시에 출발했다.

독립투쟁 무대, 한인들 설움 씻던 땅

교외로 빠지면서 참나무 · 자작나무가 우거진 숲길이 이어지고, 안개가 엷게 깔린 도로변에는 여기저기 까마귀와 까치 떼가 날아다닌다. 비포장 도로가 많아 하산 역까지는 4시간 30분 정도 걸렸다. 때마침 통나무를 잔뜩 실은 열차가 긴 꼬리를 보이며 역을 빠져 나가고 있었다. 북한으로 가는 화물차였다.

하산 역 주변은 인가도 없고 한산했다. 역사驛舍에 들어서니 러시아어와 한글로 '대기실' '통검 및 세관검사실' 이라고 쓴 붉은 글자가 성큼 눈에 담긴다.

"북한쪽으로는 목재와 석탄이 많이 들어갑니다. 예전에는 북한에서 야채, 쌀, 술도 많이 들어왔는데, 요즘에는 해산물 외엔 별 게 없어요. 북한 사람들은 이곳에서 술, 담배, 초코파이 같은 걸 있는 대로 많이 사갔지요." 전에는 그랬는데 지금은 그렇지 않다는 얘기다. 몇 년 사이 북한을 오가는 여객 수도 크게 줄었다고 한다. 이곳 매점에서 장사한지 8년째라는 40대 후반의 아주머니 올가 와시리예브나 씨의 말이다.

하산 역과 하산 역 세관의 한글 표지판.

매점 진열장에는 과일과 함께 한국산 도시락라면 · 초코파이 · 비스킷 · 해태 선키스트가 눈에 띄었다.

오직 철교뿐인 한반도 북쪽 끝

하산에서 블라디보스토크 부근 우스리스크까지 오가는 철도는 단선이다. 화물차 외에 평양~모스크바를 오가는 객차는 일주일에 두 번씩 이 역을 지난다. 하산 역에서 두만강 철교까지 채 1km가 안 되는 거리이기에 한달음에 달려가 강물에 손이라도 담가보고 싶지만 강변을 따라 철조망이 쳐져 있다.

국경을 감시하는 망루에는 경비병이 보이지 않는다. 하지만 마을 주민들은 그

밑에 군인들이 지키고 있으니 너무 가까이 가지 말라고 주의를 줬다. 인근 야산에서 바라보니 두만강의 강폭은 어림잡아 200~300m. 중간중간 수초더미와 모래섬이 있는 것으로 보아 수심은 그리 깊지 않은 듯하다.

추수를 앞둔 들판, 황금물결을 이룬 강 건너 하구에는 사람이라곤 그림자조차 찾아볼 수 없고 멀리 산자락을 따라 공장으로 여겨지는 건물 굴뚝에는 흰연기만 몽글몽글 솟아오르고 있었다.

"아, 여기가 한반도 북쪽 끝이로구나!"

갑자기 사위에 적막이 내려앉으며 허탈감이 엄습한다. 한강 하구의 4분의 1도 안 되어 보이는 저 강을 오가는 길이 오식 철교 하나뿐이라니….

이곳에 큰 다리가 생겨 자동차와 사람이 쉬 넘나들 수 있는 날이 언제쯤 올 수 있을까. 강변의 저 철조망을 훌훌 걷어낼 수 있는 날은 언제쯤일까. 얼마나 더

하산 역 부근 야산에서 바라본 북한 지역.
감시 초소 옆으로 두만강을 가로지르는 철교가 보이고 길지 않은 그 철교를 건너면 북한이다.

하산 역 대기실.

세월이 흘러야 우리의 서울 역에서 열차를 타고 확 트인 시베리아를 횡단할 수
있을까.

마주 보이는 산 넘어 30여km만 가면 북한이 자유무역지대로 개발중인 나
진·선봉이 자리잡고 있다. 이곳 하산에서 북서쪽으로 중국 국경을 넘으면 곧바
로 방천防川이고 그 너머에는 중국 두만강 개발의 거점인 훈춘琿春 경제특구가 자
리잡고 있다.

요즘 하산 역과 가까운 자루비노 항은 수시로 중국 동북3성으로 들어가는 보
따리상과 관광객들이 제법 붐빈다. 접경지대로 썰렁하기만 했던 이곳 주변 지역
에 개방훈풍이 불면서 새로운 물류거점으로 탈바꿈하고 있는 것이다.

이곳에서는 2000년 4월부터 강원도 속초까지의 뱃길도 열렸다. 자루비노에
서 자동차로 한 시간 거리인 훈춘까지는 철길이 연결돼 있다. 중국은 이 자루비
노 항을 이용함으로써 동해쪽 출구를 확보했다. 상하이나 톈진天津 다롄大連 등 황
해쪽 항구를 통해 화물 처리에 큰 불편을 겪어 온 중국으로서는 오랜 숙원을 푼
셈이다.

2 · 연해주 발해國 유적
대륙 향한 선인들의 혼과 기개 곳곳에

한국인의 심층 심리 속에는 뿌리 깊은 향수가 있다.
대륙을 향한 꿈이 그것이다.
만주와 연해주의 광활한 땅, 고조선 · 부여 · 고구려 · 발해에 이르기까지
수천 년에 걸친 민족의 삶 터였던 곳,
그 땅은 끊임 없이 우리의 귀소본능을 자극한다.

지금은 남의 땅이지만 고구려 유민들이 발해를 일으켜 세운 곳, 일제에 맞서 의병 항쟁을 일으키고 독립 투쟁을 벌인 주무대이며 옛 소련 시절인 1937년, 스탈린에 의해 강제로 중앙아시아에 끌려간 한국 고려인들이 타향살이의 설움을 씻고 '귀향' 하는 곳, 그곳이 바로 연해주이다.

지금도 북한 지역은 물론 만주와 연해주 곳곳에는 고구려의 뒤를 이은 발해698 ~926년의 자취가 고스란히 남아 있다.

빼앗긴 조국, 실향의 아픔 달래던 독립투쟁 주무대

1993~1994년 한국과 러시아 학자 50여 명이 참가했던 연해주 발해 유물 발굴 조사단은 크라스키노의 옛 이름인 염주鹽州 성터에서 찬란했던 발해 문화를 증명하는 유물 1천여 점을 발굴했다. 그로 인해 금동보살입상, 아미타수인手印 등의 진귀한 보물이 1천여 년만에 햇빛을 보았다.

'염주' 라는 옛 지명대로 이 지역은 소금이 많이 생산됐으며 조선소와 항구가

조개무덤에서 발견한 토기 조각을 집어 보여 주는 블라디슬라프 볼딩 박사.

있던 도시로 발해 고분과 함께 절 터, 가마 터, 기와석불이 이곳에서 발견됐다.

발해 유적지의 특징은 부근에서 선사 시대 유적이 많이 발견된다는 점이다. 이미 많은 채색토기가 발견됐고 지금도 크고 작은 토기 조각을 어렵지 않게 찾아볼 수 있다. 크라스키노 성 가까운 해변에는 5000~1000년 전에 이루어진 조개무덤이 남아 있다. 야산 언덕의 단층 약 60m 길이에 걸쳐 있는 조개무덤에는 이곳에 살았던 선인들의 흔적이 켜켜이 쌓여 있다.

극동역사고고민속학연구소의 블라디슬라프 볼딩 박사와 함께 어민들이 살고 있는 집과 창고 7~8채 정도가 자리한 조개무덤 주변을 찾아간 날, 바다는 햇살이 반사되어 눈부셨고 두 명의 어부가 배에서 그물을 던져 고기를 잡고 있었다.

진귀 유물 수천 점 발굴, 오랫동안 잊혀졌던 비운의 왕국

블라디보스토크에서 자동차로 2시간쯤 달리면 금金나라1115~1234 때의 옛 성터가 자리한 우스리스크 남쪽에 닿는다. 발해국이 망한 뒤 곧바로 세워진 건 아니

텅 빈 축사 위 산자락 부근의 코프이토 언덕. 옛 성터가 자리했던 곳이다.

지만 금나라 건국의 기반은 발해 유민이었다. 더욱이 금나라태조 아골타阿骨打 역대 황제들의 모계는 대부분 발해 출신이었고 부계조차 고려에서 건너간 한인 계통으로 추정하는 설도 있다. 서병국,〈발해 발해인〉

라즈돌라야 강을 낀 야산에 자리잡은 이 성의 둘레는 14km, 성벽의 높이는 대략 5m였으나 대부분 유실됐다.

볼딩 박사의 설명에 의하면, "이곳은 성 주변을 삥 돌아가며 적의 접근을 막는 해자垓子,연못가 있었고 1920년까지는 성문도 남아 있었으며 13세기까지 연해주 최대의 도시였다."고 한다.

5천 년 전 선사 시대 흔적, 조개무덤

8세기에 세워진 것으로 추정되는 발해의 코프이토 절터와 아브리코스 절터의 옛 자취를 살피러 가는 길은 쉽지 않았다. 산기슭 비포장 도로를 달리던 승합차 바퀴가 진흙탕에 빠져버렸기 때문이다. 취재진은 한동안 진흙탕 속에서 차를 떠밀어야 했다.

옛 모습을 헤아려 볼만한 단서조차 없는 코프이토 절터 주변은 잡초와 잡목이 무성했다. 이곳은 이미 1000여 년 전 소실된 상태로 1960년 발굴 당시에는 지붕의 용마루만 발견됐다고 한다. 절터 아래쪽은 빈 농가와 축사가 쓸쓸히 산자락을 지키고 있었다.

이 절이 불탄 뒤 발해인들은 북서쪽으로 600m쯤 떨어진 강 건너편 아브리코스 산에 다시 절을 세웠다. 이곳에서는 20여 개의 주춧돌과 각종 도자기와 기와가 발견됐다. 여기서 다시 10km쯤 떨어진 강가에는 10세기쯤 세워진 코르사코프 절터가 있다. 곳곳에 절을 세운 것을 보면 발해인들의 불교 신앙이 얼마나 두터웠는지 짐작이 간다. 봉황새를 부조한 막새 기와 조각이 발견된 이 지역 유적지도 1993년 고려대 김정배金貞培 교수 등 한·러 학자들이 함께 발굴 조사를 벌인 바 있다.

연해주와 중국 동북부 곳곳에 발해의 자취

나홋카 부근에 있는 니콜라예프카 성은 보존 상태가 가장 좋은 유적으로 꼽힌다. 취재진은 시간에 쫓겨 이곳을 들르지는 못했으나 볼딩 박사의 설명에 의하면, 평지에 자리잡은 이 성은 둘레가 2km로 성 밖으로는 깊이 3~4m, 너비 20m 정도의 해자가 남아 있다고 한다.

이곳은 청동으로 만든 물고기 모양의 부절符節이 발견된 곳이기도 하다. 부절이란, 물건을 두 조각으로 나눠 두 사람이 따로 지니고 있다가 훗날 서로 맞추어 증거로 삼는 신표信標다. 이 부절에는 '좌효위장군 섭리계左驍

크라스키노 성터에서 발견, 발굴된 발해 불상.

衛將軍 攝利計'라는 글자가 새겨져 있는데, 성을 지키던 섭리계라는 장수가 자신의 것과 중앙에서 사자使者가 가져온 부절을 맞춰봄으로써 사자의 신분을 확인했던 것으로 여겨진다.

발해 유적은 중국의 지린吉林 성 둔화敦化 시 일대와 헤이룽장黑龍江 성, 닝안寧安 시 보하이渤海鎭 일대, 지린 성 훈춘琿春 시와 화룽 시 등지에도 많이 남아 있다. 북한에서는 청진 시 일대에서 토성과 절터, 무덤 등이 발굴된 바 있다. 북방을 호령했던 해동성국 발해는 오랫동안 역사의 뒤안길에 묻혀 있던 비운의 왕국이었다. '우리 역사'로서 제대로 된 대접을 받지 못해 온 것이다.

대조영大祚榮이 고구려를 계승하여 나라를 세웠고, 백성의 상당수가 고구려계였음에도 우리는 발해 역사를 변방 이민족들의 역사쯤으로 취급해 왔다. 유적과 유물마저 남의 나라 산야에 묻혀 그 절절한 빛과 소리를 후손에게 전하지 못해 왔다. 국내 역사학계는 이제서야 '통일신라 시대'를 발해와 함께 '남북국 시대'로 재조명하고 있다. 발해 역사를 한국사의 '곁가지'가 아닌 '큰 줄기'로 새롭게 평가한 것이다.

발해사 재인식, 잠들었던 대륙 혼 일깨워야

발해가 망한 뒤 한민족은 오랫동안 대륙을 향한 웅비의 꿈을 접어야 했다. 드넓은 세계를 무대로 나라를 경영하고 삶을 개척했던 민족의 진취적 기상을 잃고 반도에서 옹색하게 지내온 것이다. 발해사의 재발견은 대륙에서 펼쳤던 민족의 혼과 기개를 오늘에 되살리는 일이 아닐 수 없다.

취재진과 동행한 볼딩 박사는 "러시아 학자들은 연해주 지역이 발해의 영역인 데다 유물이 계속 쏟아져 많은 연구를 하고 있다"며 "블라디보스토크의 극동박물관 등에 발해 유물이 상당량 보존·전시되고 있다"고 밝혔다.

중국도 1985년부터 헤이룽장 성 닝안 시에 발해상경성유지渤海上京城遺址박물관을 운영하고 있으며, 하얼빈哈爾濱과 훈춘 등 곳곳에서 발해 유물을 전시하고 있다. 그러나 어찌된 영문인지 우리의 국립박물관은 용산으로 이전하기 전까지는

극동대학교 박물관에 전시되어 있는 한국 전통 의상.

'발해실'도 없었고 발해 유물 한 점 전시되어 있지 않았었다.

발해사를 연구해온 한규철韓圭哲 경성대 교수는 "남북한은 발해를 고구려를 이은 나라로 보는 데 비해 중국은 자기네 속국 곧 지방 정권의 하나로, 러시아는 그저 동북 지방 소수 민족이 세운 나라로 본다"며 국내의 발해 연구 활성화를 거듭 강조했다.

발해사는 민족의 긍지를 일깨우는 소중한 유산이며 북방 개척과 유라시아 도약의 정신적 발판이 될 수 있다. 연해주와 만주 곳곳에 남아 있는 선인들의 발자취를 보며 그 유업을 이어 번성을 다짐하는 게 어찌 편협한 민족주의로 치부될 일인가.

새로 지은 국립박물관의 '발해실'과 발해사에 대한 재인식이 부디 잠들었던 대륙 혼을 일깨우는 산실이 되기를 기원한다.

3 · 연해주 고려인들
쫓겨났던 옛 삶터로 힘겨운 귀향

극동 지역에 고려인이 다시 모여들고 있다. 옛 소련 시절 마구잡이로 끌려가
시베리아횡단열차에 태워져 중앙아시아 허허벌판에 버려졌던 이들.
자갈밭을 일구어 목화를 심고 황무지를 밀밭으로, 논과 채소밭으로 바꿔놓은
고려인 후손들이, 애써 가꾼 터전을 버리고
60년만에 연해주 등지로 돌아오고 있는 것이다.

"러시아는 물러가라"는 민족주의 바람과 그에 편승한 텃세, 극심한 경제난으
로 새 삶을 찾아 '광야'로 나서는 고려인들이 늘어만 가자 연해주에서는 이들을
위한 대책이 마련되어 가시화되고 있다.

고려인 우정마을, 한인 동포 수백 명 정착 농장 일궈

블라디보스토크에서 자동차로 2시간 거리인 우수리스크 북쪽 10km 지점에
대한주택건설협회가 세운 코리아타운 '고려인 우정마을'은 연해주 귀향 고려인
을 위한 시범 마을이다. 한인마을의 꿈이 영글어가는 현장은 블라디보스토크에
서 하바로프스크로 이어지는 미하일로프카 군 대로변, 빨간 기와지붕과 벽돌로
쌓은 아담한 한옥 30여 채가 들어서 있다.

국내 독립유공자의 낡은 집을 개·보수하는 등 지원사업을 펴 오던 대한주택
건설협회가 사업을 확대해 1999년부터 이곳에 본격적으로 한인마을 건설을 추
진했다.

협회측은 연해주 정부로부터 49년간 임차한 택지에 해마다 100여 채씩 10년 간 1000가구를 세울 계획이었으나 '외환 위기' 이후 국내 건설 경기가 워낙 침체 되어 재원 조달이 어려워지자 사업 규모를 대폭 줄여야 했다.

이곳에 세워진 주택은 전용면적 18~25평 규모로 주로 우즈베키스탄 등 중앙 아시아에서 온 정착민에게 제공됐다. 입주자들에게는 집집마다 4백여 평 정도 의 텃밭이 주어졌다. 여의도 면적 8 배 규모에 달하는 660만 평 규모의 '우정농장'이 이들의 일자리를 겸해 따로 확보돼 있다. 이미 한인 동포 수 십 명이 이 농장에서 콩과 메밀, 옥수 수 등의 밭농사를 짓고 있다.

연해주의 한인 동포들과
한인농장에서 작물에 약을 뿌리는 모습.

1998년 카자흐스탄에서 이주한 강 알렉산드르51세씨는 "중앙아시아에서 농사를 짓는 고려인들은 주로 양파 같은 기호성 작물을 가꿔 왔는데 내전 등으로 판로가 막혀 생활이 무척 힘들었다"며 "러시아에서 일자리와 집만 구할 수 있다면 당장이라도 수천 명이 몰려올 것"이라고 말했다.

한국인 기업과 농민단체들이 연해주 남쪽에 확보해 놓은 농장은 루비의 노브카농장 20300ha, 9200ha의 이방가르드농장, 11000ha의 바지모프카농장, 8100ha의 네스테로프카농장, 7100ha의 그라즈단카농장 등 모두 18만ha에 이른다. 중앙아시아에서 온 고려인 가운데 이들 농장에 취업한 이들이 적지 않지만 아직은 정착에 어려움을 겪는 이가 많다.

호로르군의 포포프카, 항카군의 플라토노프카, 우수리스크 부근의 라즈돌노예, 노보네지노 등지에 모여 사는 한인 3백여 가구 1천여 명이 연해주 정부가 제공한 군부대 막사 등에서 힘겹게 생존의 길을 찾고 있다. 이들은 몇 년째 인근 농장에서 콩, 메밀, 채소 등을 가꾸며 땀 흘려왔지만 잇단 가뭄과 장마로 작황이

우수리스크 역.

나빠 생계마저 어려운 실정이다. 일부는 도시로 나가 막일을 하거나 시장에서 소규모 장사를 하기도 한다. 살림이 어려워 수도와 전기가 끊기고 난방이 안 되는 아파트에서 사는 이도 많다. *문의 (고려인돕기 운동본부 : 서울 방이동, 430-3278~9)*

항일 독립운동 거점으로도 유서깊은 땅

우정마을과 가까운 우수리스크에는 일제 때 첫 임시정부 역할을 했던 대한국민의회 청사가 있다. 1917년 11월부터 1919년 2월까지 러시아 거주 한인들의 대표기관이었던 전로한족회중앙총회全露韓族會中央總會:고려국민회 청사로 기관지 '청구신문'을 내던 건물이 체체리나 거리 39번지에 남아 있다. 이 건물은 현재 1층에 잡화점이 들어 있고 2, 3층은 사무실과 주택으로 쓰인다.

같은 거리 54번지의 고려사범전문학교도 옛 모습을 간직하고 있다. 1917년 한족회중앙총회가 4만 루블의 기금을 모아 만든 이 학교 건물은 현재 초급 사범대학의 수학·물리학부가 쓰고 있다.

코르사코프카 마을과 인근 수이푼강 현 라즈돌리나야 강 등지는 1920년대 러시아 혁명 전쟁 무렵 우리 항일 유격대가 출병한 일본군과 그들이 조종하는 마적단에 맞서 수차례 격전을 벌인 곳이다. 당시 지휘자는 '백마 탄 김일성 장군'으로 알려진 김경천金擎天 장군 등이었다. 김경천은 1922년 이곳에 무관학교를 세워 5백여 명의 대원을 훈련시켰다고 한다.

헤이그 만국평화회의에 특사로 갔던 이상설李相卨 선생의 유해는 그의 유언에 따라 화장돼 가까운 라즈돌리나야 강변에 뿌려졌다. 유해가 뿌려진 강변에는 2001년 광복회와 고려문화학술재단이 비식을 세워 고인의 애국충정을 기리고 있다.

남한 자본, 북 노동력 합친 '공생농업'의 꿈

1991년 12월 소비에트연방이 해체되고 중앙아시아 독립국가연합CIS 국가들이 독립하면서 게릴라의 준동으로 치안이 흔들리는 타지키스탄을 비롯해 우즈베키스탄과 카자흐스탄, 키르기스스탄 등 이슬람 국가 사람들의 러시아 이주가 늘어

우수리스크 기타이 바자르의 조선족 동포 상인들. 이곳에서는 많은 조선족 동포가 장사를 한다.

나고 있다. 그중에서도 극동을 찾는 이주자가 급증하고 있다.

연해주 전체 인구는 230만여 명. 그 가운데 4만여 명 정도의 '고려인'이 살아가고 있다. 1937년 강제이주 당시 20만이 넘었던 것에 비하면 적은 수이지만 그 증가세는 현저하다. 1989년 약 8천5백 명으로 파악됐던 데 비해 10여 년만에 5배 규모로 불어난 셈이다.

연해주 정부는 1990년 이후 중앙아시아에서 이주한 고려인 수를 약 3만 명으로 집계하고 있다. 이밖에도 중국 국적의 '조선족' 동포가 많은 연해주 지역에는 최근 들어 눈에 띄게 줄었지만 북한동포도 꽤 있다.

우수리스크에서 가장 큰 시장은 중국 시장인 '기타이 바자르'이다. 이곳에서는 과일이나 야채, 시계류, 옷 등을 파는 '조선족' 동포를 어렵지 않게 만날 수 있다. 세 평 정도의 매장에서 옷을 파는 한철범ㆍ서춘자 씨 부부는 "중국에서 오는 보따리상이나 시장에서 장사하는 이들 가운데 조선족이 30~40%는 될 것"이라며 "벌이가 줄었는데 세금이 많아서 힘들다. 매장 영업세만 해도 다달이 5천~6천 루블약 20만 원을 내야 한다"고 말했다.

부근 과일가게에서는 옌볜延邊ㆍ훈춘琿春 등지에서 온 조선족 10여 명이 한데 모여 사과ㆍ배ㆍ포도ㆍ바나나 등을 팔고 있었다.

한때 3만여 명에 육박했던 북한 노동자들은 요즘 아무르 주와 연해주 등지의 목재ㆍ건설 분야에서만 6천여 명이 활동하는 것으로 알려져 있다.

최근 20여 년 간 연해주 농업개발에 주력해 온 국제농업개발원 이병화 원장은 "북한 일꾼은 일도 잘하고 성실해 러시아에서 좋은 평가를 받고 있다. 농지와 초지, 지하자원이 풍부한 극동 지역에서 남한의 자본과 기술, 북한의 생산성 높은 노동력이 합쳐지면 3자 모두에게 보탬이 되는 '3위일체 공생농업'이 가능하다"고 강조한다.

연해주 정부도 이같은 '공생농업'으로 벼와 콩 외 버섯ㆍ산삼 재배, 한우ㆍ사슴 사육, 모피 가공, 관광농업 개발 등 다양한 사업이 활성화하기를 기대하고 있다고 한다.

4 · 블라디보스토크
군사요충지서 무역 · 물류 거점 항구로 변신 중

블라디보스토크옛이름, 해삼위海蔘威는 연해주 중심도시로 인구는 80만이다.
'동방을 지배한다'는 뜻을 지닌 이 도시는 일찍이 제정러시아가
태평양 진출을 위한 교두보로 1860년부터 개방을 시작했다.
러시아 극동함대 사령부가 있어 30여 년 간 외국인 출입이 제한됐다가
1922년 비로소 개방됐다.

시베리아횡단열차의 종점이자 항구도시인 블라디보스토크는 최근 들어 외국기업의 진출도 활발한 데다 극동의 요지로 그 지리적 중요성이 날로 커지고 있다. 서울이나 부산에서 비행기로 2시간 거리의 지척임에도 눈에 보이는 모든 것들은 한없이 이질적으로만 느껴진다.

화려한 바로크 양식의 유럽풍 건물들, 짙은 화장에 모피를 걸치고 털모자를 쓴 하얀 피부의 러시아 여인들은 어디서나 여행객의 눈길을 끈다.

개방시장 경제 체제 도입 과도기

러시아를 처음 여행하는 필자는 거리를 돌아보면서 종종 당혹감을 느끼곤 했다. 상점마가진 간판은 크기가 작아 눈에 잘 띄지 않을 뿐더러 상점 안에 들어가보기 전에는 어떤 물건을 파는지 분간하기 어렵다. 책방이나 식당도 육중한 이중문을 힘겹게 열고 들어가야 한다.

'왜 탁 트인 쇼윈도를 찾아보기 어려울까?'

의문은 이곳 극동대에서 경제학을 가르치는 신영재 교수의 설명으로 풀렸다. "애당초 배급 위주의 공산체제에서는 상점이 많이 필요하지 않았다. 개방 이후 시장 경제 체제를 받아들이면서 아파트 같은 기존건물 일부를 개조해 쓰다 보니 자연히 쇼윈도 없는 상가가 흔하다." 는 것이다.

블라디보스토크 역 대합실.

블라디보스토크를 오가는 자동차 5대 중 4대는 일본차라고 한다. 그러나 더러는 현대 소나타와 대우 버스 등 한국차들도 눈에 띄었다.

원래 차량 통행 방향이 우측인 이곳 사람들은 운전석이 오른쪽에 위치한 일본차를 그대로 쓰는 예가 많아 매우 위험해 보인다. 특히 앞차를 추월할 적마다 필자는 뒷자리에서 불안을 느꼈다.

광복의지 불태우며 항일운동 펴던 땅

해안을 따라 구릉지에 이뤄진 이 도시는 곧은 길보다 휘어진 길, 오르락내리락하는 길이 많다. 그 굴곡진 모습 이상으로 이 땅 곳곳에는 한인들의 애환이 서려 있다. 가뭄과 기근으로 생존을 위해, 아니면 일제에 나라를 빼앗긴 설움 때문에 독립운동의 뜻을 펴려고 일찍부터 이 땅에 온 한인들. 그들은 이런 비탈길을 오르내리며, 푸른 바다를 굽어보며 삶의 터전을 일구고 조국광복을 염원했을 것이다.

개발 초기, 부두나 건설현장에서 일한 한인들은 주로 아무르 만이 보이는 산

비탈 포그라니치나야 거리의 개척지 마을에 모여 살았다. 1910년 경술국치를 전후해 이 마을은 한동안 항일운동의 거점이 되었고, 을사조약이 체결되자 '시일야방성대곡_{是日也放聲大哭}'을 외친 장지연_{張志淵} 선생이 주필로 활약한 '해조신문사'도 1908년 이곳에 자리잡았다. 뒤이어 이상설_{李相卨} 신채호_{申采浩} 장도빈_{張道斌} 선생 등이 이곳에서 '권업신문'을 냈다. 그러나 1911년 러시아 당국은 콜레라 근절을 이유로 이곳에 살던 한인 수천 명을 몰아낸 뒤 병영을 지었다.

이후 1937년 중앙아시아로 강제이주 당하기까지 한인들은 주로 라게르 산비탈 서쪽의 '신한촌_{新韓村}'에 정착했다. 그러나 지금은 그 어느 곳에서도 옛 자취를 찾아볼 수 없다. 다만 1931년에 세워진 고려사범대의 옛 건물이 오케안스키 대로_{大路} 18번지에 남아 있을 뿐이며 1999년 8월 해외한민족연구소가 세운 '신한촌 한인독립운동 기념탑'이 예전의 역사를 일깨워주고 있다.

한국 가전 인기 끄는 세계 각국 농산물 각축장

블라디보스토크의 시장은 세계 각지 농산물의 각축장이었다. 고려인 여성으로 항구 안쪽 깊숙한 곳 스포르치브나야 시장에서 야채와 반찬거리를 파는 50대의 김 스테파노바 씨는 "이곳에서 매매되는 쌀이나 감자, 양배추, 양파, 채소류 등 농산물은 거의가 중국산"이라고 했다.

지금은 연해주 노조사무실로 쓰이고 있는
옛 고려사범대 건물.

"언제부터 장사를 했나?"

"7년 전 우즈베키스탄에서 이곳에 왔다."

"장사는 잘 되는가?"

"일 없다_{괜찮다}. 하지만 장사하기는 타슈켄트_{우즈베키스탄의 수도}가 더 좋았다. 극동대에 다니는 아들 학비를 대느라고 생활은 무척 힘들다."

그녀의 아들은 극동대 경제학과 학생으

굼 백화점 전경과 트롤리 버스를 타는 사람들.

로 학비는 연간 2천 달러가 넘는다고 했다.

이 시장에는 시베리아산 꿀이 있는가 하면 캘리포니아산 건포도와 호주산 분말우유도 팔리고 있었다. 오렌지 주스와 코카콜라 · 초코파이 · 라면 · 비스킷 등 한국산 식품이나 가공품도 어렵지 않게 찾아볼 수 있었다. 연해주 등 러시아 곳곳에서는 한국산 TV와 비디오 · 오디오 등 가전제품의 인기도 높다.

개방 10여 년, 블라디보스토크 등 연해주 지역은 한국, 중국, 일본 등 아시아 · 태평양 국가와의 교류를 본격화하고 있다. 모스크바 쪽보다 지리적으로 가깝고 교역 조건도 훨씬 유리하기 때문이다.

무역 투자와 물류 거점 도시에 이어 관광 도시로도 떠오르고 있는 블라디보스토크에는 1990년 한 · 소 수교 이후 우리의 총영사관과 무역관KOTRA이 설치돼 있다. 공관원이 50여 명이나 된다는 북한 총영사관도 2001년 인근 나홋카에서 이곳으로 옮겼다.

이곳은 2012년 에이펙APEC 정상회담이 열릴 예정이어서 한국기업 진출은 가속화될 것으로 보인다.

5 · 극동대 한국학대학
떠오르는 韓國學, '코리아 배우자' 열기

국립극동대는 블라디보스토크 서쪽 아무르 만 가까이 위치한 한국학의 요람으로
100년이 넘는 역사를 자랑한다. 1900년 세계 최초로 '한국학과' 개설 후
1995년 기존의 한국학부를 한국학대학으로 확대개편했다.
중국학과 일본학이 동방학대학에서 '학과'로만 운영되어 온 것에 비하면
한국학의 입지가 얼마나 탄탄한지를 알 수 있다.

한국학대학이라는 간판이 러시아어와 함께 한글로 쓰여 있는 한국학대학 건
물은 6층으로 연건평 3000m²이다. 국내 고합그룹이 한 · 러 친선과 과거 연해주
에서 항일투쟁을 벌인 장도빈 선생을 기리기 위해 150만 달러를 지원해 세웠다.
내부는 강의실과 도서관, 컴퓨터교육실과 시청각실 등을 두루 갖추고 있으며 교
내 어디서나 한국말로 의사소통이 가능하다.

개혁 개방 이후 러시아 대학생들에게 인기가 높은 학과는 법학과 경영학 등이
다. 특히 시장경제를 배우려는 열기가 뜨거워지
면서 관련학과는 치열한 경쟁률을 보이고 있다.

연해주에서 항일 독립투쟁을 벌인
장도빈 선생 흉상.
극동대학교 안에 전시되어 있다.

한 · 러 친선 일환, 고려합섬서 지원

극동지역에서 한국학 분야도 주요 인기학과
로 꼽힌다. 해마다 한국학대학에 입학하는 학생
50여 명 중 '금메달 학생'이 절반 정도 된다.

극동대 앞 거리 풍경과 극동대 건물.

금메달 학생이란 고교를 최우수 성적으로 졸업한 엘리트 학생을 일컫는 용어이다. 이들은 어떤 대학 어느 학과든지 마음대로 골라 입학할 수 있고 학비 전액을 국가로부터 지원받는다. 따라서 금메달 학생이 몰리는 학과는 그만큼 선망의 대상이 되고 있다는 뜻이다.

한국학대학 학부과정은 한국문학-철학전학년 40명, 한국경제120명, 한국역사50명 5년 과정, 한국어40명 3년 과정의 모두 4개 학과로 운영된다. 대학원은 2년제로, 언어학 · 경제학 · 역사학 석사과정과 함께 한국어 동시통역사 과정을 두고 있다. 교수진은 러시아인 17명과 한국학술진흥재단 파견 교수 등 외국인 4명이다.

대학으로 번지는 한국어 열풍

한국어는 한국학대학 외에도 법대·국제관계대·경영대와 언론학부의 전공 선택 및 교양과목으로도 개설돼 있다. 한국학 연구와 교육에 관한 한 극동대는 러시아 전역은 물론 세계 어느 지역보다 앞서 있다.

한국학은 중국학, 동남아학과 함께 극동대 동방학대학 안에 단일학과로 개설된 일본학 연구에 비할 수 없이 그 열기가 매우 뜨겁다고 한다.

극동대 외에도 연해주에는 극동경제대·극동기술대·우수리스크사범대·수산대 등 고등교육기관에서 한국학과를 두고 있으며 한국어 강좌를 열고 있다. 이들 대학에는 사물놀이 동아리나 한국어와 한국문화 관련 스터디그룹의 활동

극동대 한국어 수업 장면.

어학실에서 한국어를 공부하는 러시아 학생들.

도 활발하다. 아르세네프시市 로드닉음악전문학교가 제2외국어로 한국어를 가
르치는 등 한국어를 가르치는 중·고교도 여러 곳이 있다.

가을이면 한국학대학 건물에 자리잡고 있는 한국문화원 주최로 중고생·대학
생·일반부의 '한국어 올림피아드' 가 열리곤 하는데, 각지에서 나온 출전 팀이
말하기와 웅변, 연극, 노래, 춤 등으로 뜨거운 경연을 벌인다.

이곳 한국학과의 인기는 무엇보다도 (주)고합 측이 앞을 내다보고 한국학대학
건물과 교육시설에 거액을 투자한 성과라고 볼 수 있다. 이 회사는 시설투자에
만 그치지 않고 학생 반수에게 연간 등록금의 절반 수준인 1천 달러씩을 지원해
왔다. 첨단 교육시설, 졸업 후 한국기업 등에 취직이 확실히 보장된다는 점도 인
기의 배경이다.

재학생들은 경기대·강원대 같은 자매결연 대학에 연간 20여 명이 3~6개월
간 자비로 연수를 한다. 재학생 반수 이상이 졸업 전 이러한 과정을 거친다.

극동대 입구 거리 풍경.

극동대 한국학대학 부학장겸 전산정보실장
빅토르 코제먀코

극동대 한국학대학의 빅토르 코제먀코 부학장겸 전산정보실
장은 학습용 한-러 사전을 개발한 주역이다. 이 사전은 학습
자가 컴퓨터로 한국말을 공부하다 모르는 단어를 클릭하면
곧바로 러시아어나 한자로 그 뜻을 확인할 수 있는 독특한 프
로그램이다.

–사전제작에 나선 배경은?

한국말 텍스트 번역을 충분히 뒷받침하기 위한 데이터베이스화 작업을 해왔다.
2001년 완성됐다.

–한국어 공부에 큰 도움이 될 것으로 보이는데?

그렇다. 이 프로그램을 다양한 분야에 응용할 수 있다. 한국영화 등을 텍스트로 한
CD에 사전 기능을 담을 수 있다. 나아가서는 학습에 보탬이 되는 용어해설, 문화배
경 등도 넣을 수 있다. 예컨대 영화 〈서편제〉를 소개하면서 동편제는 무엇인지, 옥중
가나 판소리는 무엇인지, 그 문화적인 배경이나 풍습, 사투리까지 알기 쉽게 풀이해
주는 것이다. 활용 여지가 무궁무진하다.

–개발비용은 어떻게 조달하나?

지금까지는 자비로 해왔다. 한국의 대학 등이 동참한다면 이를 더욱 연구 개발하여
러시아 전역에 널리 보급할 수 있을 것이다.

2
격동의 자취 망향의 땅으로

러시아 동진東進의 역사 거슬러 드디어 출발!

블라디보스토크에서 6일간 하산과 우수리스크, 나홋카
등지를 살펴본 취재진은 마침내 시베리아횡단열차를 탔다.
첫 목적지 하바로프스크까지는 14시간을 달려야 한다.
시베리아횡단열차 TSR의 종점 모스크바까지는 장장 9288km,
열차로 160시간, 6박7일이 걸린다.
감개가 무량했다.
안중근 의사가 1909년 10월, 일제 침략에 맞서
이토 히로부미를 쏘기 위해 결연히 하얼빈으로 향했던 이곳,
극동의 끝 블라디보스토크에서
러시아 동진의 역사를 거슬러 대륙 곳곳을 밟아보는 것이다.

6 · 시베리아횡단철도
동서 잇는 황금노선 1세기만에 햇빛

1890년대에 시작된 시베리아 철도 건설은
동아시아와 태평양 진출을 꾀하던 러시아 전략가들에게는 가장 비전있는
국책사업이었다. 그러나 열강의 식민지 쟁탈전이 날로 뜨거워지던 20세기 초,
이 철도의 완전 개통을 앞두고 러·일전쟁이 터졌다.

1904년 2월부터 1년 넘게 한반도와 뤼순旅順 다롄大蓮 등 만주에서 벌어진 러·일전쟁은 한반도의 운명에 결정적인 영향을 미쳤다. 당시 러시아는 상트페테르부르크에서 이르쿠츠크, 만주를 지나 블라디보스토크까지 이어지는 시베리아횡단철도 구간 중 마지막 남은 바이칼 호 부근의 철도를 깔던 참이었다.

블라디보스토크~모스크바 9288km

예상치 못한 일본의 선제공격으로 큰 타격을 입은 러시아는 만주 전선에 병력과 군수품을 지원하려고 1.5m 두께의 얼음이 언 바이칼 호수 위에 임시 철교를 깔았다. 그러나 시험 운행 도중 얼음장이 갈라지면서 기관차와 레일 22km가 그만 물 속에 가라앉고 만다.

영하 30도를 넘어서는 혹한 속에서 레일을 끌어올려 바이칼 호를 비켜가는 철도를 완성했을 때는 이미 만주 곳곳 주요 전투에서 러시아가 패퇴한 뒤였다. 러시아로서는 동방 진출의 남방 길이 막히는 뼈아픈 패전이었고, 한때 아관파천俄

이르쿠츠크 역 철길.

館播遷 등으로 러시아에 기대 온 조선의 운명은 결국 러일전쟁 승전국인 일본의 손아귀에 들어가고 만다.

러·일전쟁이 끝난지 1세기, 오랜 동서냉전마저 마감한 21세기 러시아의 새 아침, 시베리아횡단철도는 러시아 부흥의 활력소로 떠오르고 있다. 이제 예전처럼 극동에서 러시아 철도를 견제할 나라는 없다. 미국·일본, 유럽 각국도 이 철도의 도움이 필요하기 때문이다.

러시아는 거대한 땅덩이를 밑천으로 가만히 앉아서 극동과 유럽 간 물류를 주도하며 통과 운임만으로도 적잖은 이익을 챙긴다. 연간 화물만 1억 t 이상을 실어 나를 수 있는 TSR임에도 러시아는 아직 그 능력의 절반조차 활용하지 못하고 있는 형편이다. 이 철도를 남한까지 이을 수 있다면 부산과 인천 등지의 뱃길을 통해 유럽으로 가는 연 250만 t 이상의 화물을 유치할 수 있다. 그 물량은 해가 갈수록 늘어날 것이기에, 러시아는 '황금알을 낳는 실크로드'를 꿈꾸며 남북 철도 연결을 학수고대하고 있는 것이다.

기차 여행 중 식사로 한국 라면 인기

시베리아 횡단열차에서는 다양한 사람을 만날 수 있다. 취재진이 4인용 객실인 '쿠페'에서 처음 만난 러시아인은 이고리 코요실로프라는 25세의 젊은이였다. 극동철도 관할지역인 하바로프스크에서 전기공으로 일한다는 그는 영어를 곧잘 해 의사 소통이 수월했다. 부업으로 모스크바에서 일주일에 두 번 나오는 네쪽짜리 '산림뉴스'의 통신원도 겸하고 있다. 본사에 매주 두세 차례 전화를 걸어 소식을 전한다고 한다. 월 수입은 모두 합쳐 우리 돈으로 약 12만 원 정도인 3000루블이라고 한다.

"가족은 몇 명인가?"
"1년 전 결혼해 아내와 갓난 아이가 있다. 부모를 모시고 있는데, 아내가 분가를 원해 고민 중이다."
"부인과는 어떻게 만났나?"
"대학 다닐 때 친구 소개로 만났다. 아내는 모스크바 신문방송대를 졸업했다."
"생활비는 충분한가?"
"야채 과일 같은 부식은 '다차주말농장'에서 해결하며 부모는 연금을 받고 있다. 아이를 낳으면 정부가 1년간 양육비를 준다. 처음에는 4500루블약 18만 원이고 다음 달부터는 매달 3백 루블1만2천 원 정도이다."

그의 말에 의하면, 임산부 또는 자신처럼 특수한 신분증을 지닌 사람은 병원비가 무료라고 한다. '산림뉴스' 통신원답게 시베리아에서 자라는 한국산 잣나무인 케드르는 잎새가 다섯 개씩 달리며 재질이 단단한 고급 수종으로 벌목이

시베리아횡단철도를 달리는 화물열차.

제한돼 있다는 얘기를 들려줬다. 한국이 어떻게 잘 살게 됐는지, 러시아인의 삶을 어떻게 보는지를 묻기도 했다.

　저녁식사 때 이고리는 준비한 빵과 함께 라면을 꺼냈다. 납작하게 생긴 한국산 컵라면이다. 겉포장에 한글로 '도시락'이라고 큼지막하게 씌어 있었다. 그는 "여행할 때나 주말농장에 갈 때 라면을 즐겨 먹는다"며 "한국 라면이 중국산보다 비싸지만 맛이 좋다"고 했다.

　한국 라면은 모스크바나 울란우데 등 어디서나 인기를 끌고 있다. 취재진도 열차 안에서는 종종 라면으로 끼니를 해결하곤 했다.

하바로프스크행
열차가 지나는
한 역에서
러시아 여성이
빵과 달걀,
말린 과일 등을
진열해 놓고
여행객에게 팔고 있는
모습(위)
왼쪽은
시베리아횡단열차 내부.

7 · 하바로프스크의 韓人들-1

조국 찾으리라, 유적마다 격랑 헤쳐온 거친 숨결

블라디보스토크에서 8백여km를 북상한 열차는 예정보다 1시간 늦은
15시간만에 하바로프스크 역에 다다랐다. 다행히 한국교육원이 소개한
이주학李住鶴, 2002년 78세로 사망 선생이 때맞춰 역에 나와 있었다.
선생은 이곳에서 50여 년을 살아온 사할린 출신 '고려인'이다.
NHK의 촉탁기자로, 모스크바방송 하바로프스크 지국 번역원으로
35년간 일해 온 노익장인 그는, 오랜 취재경험을 살려
5일간 후배 취재진이 살펴야 할 곳을 꼼꼼하고 친절하게 안내해 주었다.

하바로프스크의 날씨는 블라디보스토크보다 춥고 바람도 거세다. 거리의 행
인들은 털모자와 두터운 외투차림으로 종종걸음을 하고 있다. 인투리스트 호텔
에 여장을 푼 취재진은 이선생과 함께 한인들의 옛 자취부터 살피기로 했다.

중 · 소전쟁의 한국인 영웅, 김유천

하바로프스크는 아무르 강黑龍江, 헤이룽 강과 우수리 강烏蘇里江이 만나는 지점
에 있다. 인구는 65만. 17세기 중반 이곳을 답사한 러시아 탐험가 엘로페이 하바
로프의 이름을 붙인 도시다. 1858년 시베리아 총독 무라비예프가 중국과의 아이
훈愛琿, Argun조약을 맺은 뒤부터 극동 바이칼 호 동쪽의 거점 도시로 개발됐다.
하바로프스크에는 1917년 10월 혁명 이후 5년간 벌어진 러시아 국내전쟁 때
의 유적과 한인동포의 발자취가 곳곳에 남아 있다. 한인 동포의 이름을 딴 김유
천 거리, 한인사회당을 이끈 김 알렉산드라가 사무를 보던 건물과 〈낙동강〉의
작가 조명희가 살던 집도 있다.

김유천 거리는 시가지 중심을 남북으로 잇는 약 3km구간이다. 1929년 치타에서 만주를 거쳐 우수리스크로 가는 중동선中東線 때문에 불거진 중·소 전쟁 때 소련군 중위로 큰 전공을 세운 김유경을 기념한 것이다. 본래 그의 이름은 '김유경'이지만 러시아어 표기가 잘못 읽히는 바람에 '김유천'으로 바뀐 채 굳어져 버렸다.

김 알렉산드라 "조국에 자유·행복을"

무라비예프 아무르스키 22번지에는 한인사회당을 이끈 김 알렉산드라의 발자취가 남아 있다. 최근까지 은행 건물로 쓰여온 이 건물 모퉁이에는 부조된 그녀의 얼굴과 함께 조그만 현판에 '1917~1918, 하바로프스크 시 볼셰비키당 위원회 위원이자 하바로프스크 시 소비에트 외무부장이 지낸 곳'이라고 쓰여 있다.

이곳에서 이동휘李東輝를 도와 1918년 3월 한인사회당을 만든 김 알렉산드라는 그해 4월 일본군이 혁명 진압을 목적으로 연해주에 출병하자 적위군赤衛軍의 편에서 무장투쟁을 벌였다. 100여 명의 한인 적위대를 이끈 그녀는 9월 18일 하바로프스크가 백위군白衛軍에게 점령되자 기밀서류를 챙겨 배를 타고 아무르 강을 따라 블라고베시첸스크로 탈출하다가 적에게 붙잡혔다.

그녀는 "조국 13도에 자유와 행복이 깃들 날이 오고야 말 것"이라는 마지막 말을 외치고 조선을 뜻하는 열세 걸음을 걸은 뒤 벼랑 위에서 총살당했다. 시신은 강물에 던져졌다.

그녀가 숨진 문화휴식공원 벼랑에는 아무르 강이 내려다 보이는 전망대가 자리잡고 있다. 당시의 숱한 주검에 의해 핏빛으로 물들었을 강변에는 이제 잘 닦인 산책로가 이어져 있다. 산 자를 위한 휴식 공간으로 탈바꿈한 것이다.

김 알렉산드라처럼 당시 다수의 한인동포가 항일독립투쟁 지원을 약속한 혁명군과 손잡고 빨치산 투쟁에 나섰다.

본래 항일 빨치산의 공동묘지였던 하바로프스크 도심의 레닌광장도 2차대전 직후 지금의 시민광장으로 새로이 조성되었다.

김 알렉산드라의 시신이 던져진
아무르 강.
지금은 문화휴식공원이 되어
잘 닦인 산책로가 이어져 있다.

누명쓰고 죽은 〈낙동강〉 작가 조명희

〈낙동강〉의 작가 조명희가 살았던
하바로프스크의 콤소몰스카야 89번지
목조 건물.

콤소몰스카야 89번지 초록색 페인트로 칠해진 목조건물은 〈낙동강〉의 작가 조명희趙明熙, 1894~1938가 살던 집이다. 찾아간 날, 건물 뒤켠 낡은 현관 문은 열려 있었지만 주인은 만날 수 없었다. 주변에는 시든 호박 덩쿨과 잡초가 무성하다. 70여 년의 세월이 흐른 지금 옛 한인 작가의 이름을 그 누가 기억이나마 할 수 있으랴.

소련 작가동맹의 원동지부 간부1934년로 일했던 조명희는 스탈린의 한인 강제이주가 시작된 1937년 야밤, 헌병들에게 끌려갔다. 이유는 어처구니 없게도 그가 일본 첩자라는 것. 이듬해 그는 취조나 재판절차 없이 감옥에서 총살당했다.

도쿄 동양대를 중퇴하고 귀국, 1925년 '카프조선 프롤레타리아 예술가 동맹' 결성에 참여했고, 대표작 〈낙동강〉을 '조선지광'에 발표해 감상적 경향에 머물렀던 카프의 방향전환에 일조한 그는, 1928년 가혹한 일제의 검열과 탄압을 피해 소련 연해주로 망명했다. 그 후 하바로프스크의 중학교에서 교편을 잡았고 동포신문 '선봉'과 '노력자의 조국'이라는 잡지 편집을 맡아 활약했다.

조명희가 연행된 뒤 부인과 세 자녀는 곧바로 다른 한인 수천 명과 함께 타슈겐트로 강제 이주당했다. 그의 가족들은 오랫동안 조씨의 행방을 수소문했으나 생사조차 확인할 수 없었다.

그가 죽은 지 30년이 훌쩍 지난 1956년, 조명희의 가족들은 당국으로부터 "억울하게 죽었다"는 답신을 받았으나 조국 광복을 갈망하다 비명에 간 그의 '억울함'을 풀 수 있는 길은 어디에도 없었다. 후일 그를 기리는 박물관이 타슈겐트에

한인사회당을 이끈
김 알렉산드라의
자취를 보여주는 건물.
무라비예프 아무르스키
22번지에 있다.
왼쪽은 건물 외벽에
걸려 있는 현판과
김 알렉산드라의 얼굴 부조.
아래는 가까이에서 본
22번지 건물.
맨 아래 왼쪽은 김유천거리
표지판.

세워져 그의 혼을 달래주었을 뿐이다.

　봄마다 봄마다/ 불어내리는 낙동강물/ 구포벌에 이르러/ 넘쳐넘쳐 흐르네-/ 흐르네-에-헤-야.
　철렁철렁 넘친 물/ 들로 벌로 퍼지면/ 만 목숨 만만 목숨의/ 젖이 된다네/ 젖이 된다네-에-헤-야.

　(중략)

　천년을 산, 만년을 산/ 낙동강! 낙동강!/ 하늘가에 간들/ 꿈에나 잊을쏘냐/ 잊힐쏘냐-아-하-야.

　위 〈낙동강〉의 싯구처럼 그는 구천에서도 조국 산하를 잊지 못했을 것이다.
　그러나 한인들에게는 이보다 더 억울하고 안타까운 개죽음도 많았다. 하바로프스크에서 멀지 않은 스보보드니_{자유시}에서는 영문도 모른 채 동포끼리 총을 겨누다 숨진 독립군이 수백 명이나 됐다. 이른바 '자유시 참변' 또는 '흑하黑河사변'이 그것이다.

항일 독립군끼리 총 겨눈 자유시 참변

　10월혁명 직후 극동지역에서는 열강 간섭군의 지원에 힘입은 백위군이 위세를 떨치고 있었다. 그런 가운데 1920년 2월 적위군이 아무르 주 알렉세예프카 주변 제야 강 일대를 처음으로 장악해 혁명거점으로 삼게 된다. 이 때문에 이 도시는 '스보보드니'라는 이름으로 바

하바로프스크의 소비에트연방 국장.

꿰었다. 이듬해 6월 28일 이곳에서 한인 무장부대끼리 큰 충돌이 벌어져 독립군 전력에 막대한 손실을 빚었다. 한인자유대와 사할린의용대를 중심한 무장부대 사이의 군권 다툼 사건이었지만 그 뿌리는 고려공산당의 이르쿠츠크파와 상하이파 간 당권 경쟁이었다.

당시 현지 혁명군의 지원을 받은 이르쿠츠크파는 상하이파 인사를 대거 체포하고 상하이파의 무장해제를 요구했다. 그러나 상하이파 군부가 이에 저항하면서 스보보드니 부근 제야 강 일대에서 3백여 명의 사상자를 내는 치열한 전투가 벌어졌다. 조국을 찾고자 항일투쟁을 하던 동포끼리 타향에서 피흘리는 참극을 벌인 것이다. 군 지휘권이나 당권이 숱한 동지의 목숨을 내던지고 국권 회복의 대의마저 버려야 할 만큼 그리 소중했을까.

노을 지는 아무르 강변에 서니 부서지는 물결소리에 억울하게 간 그들 원혼의 외침이 실려오는 듯하다. 나라 위해 몸바친 선열들, 조국 산하를 그리다 이역에서 허망하게 숨진 이들의 애끓는 목소리들!

정쟁으로 세월을 허송하는 오늘의 정치 지도자들에게 호소하는 듯하다.

"부디 당권보다, 정권보다 나라와 백성을 생각하라"고.

8 · 하바로프스크 韓人들-2
고국 땅에 뼈라도… 응어리진 망향의 恨

하바로프스크 지방에는 온돌 난방을 했던 원주민이 많았던 모양이다.
이곳 민속박물관에 전시된 전통가옥은 우리의 옛 시골집과 비슷하다.
부엌의 불 때는 아궁이부터 맷돌과 절구, 쌀을 일구는 조리까지 닮아 있어
친근감을 준다. 2008년 현재 하바로프스크 지방 크라이에 사는 '고려인' 은
1만5천여 명 정도. 그 중 하바로프스크 시에만 1만여 명이 있다.
2000년경보다 5천여 명 정도가 늘어난 셈이다.

최근 10여 년 새 하바로프스크에는 스탈린 시절, 중앙아시아에 강제 이주 당했다가 온 사람이 부쩍 늘었다. 이들 새 이주민은 대부분 조선족 2~3세로 러시아 말도 잘하고 전문직이나 상업에 많이 종사한다.

이곳에서 장사를 많이 하는 중국 국적의 '조선족' 거주자는 1천여 명으로 추정되고 있다. 유동적이지만 북한에서 온 근로자와 더러는 남한에서 사업차 나와 있는 사람들도 있다.

아직도 풀지 못한 망향의 한

하바로프스크에는 아직 한국말을 할 줄 아는 사할린 출신 동포가 적지 않다. 이들은 가슴 깊이 망향의 한을 품고 살아왔다. 평생을 타향에서 보냈기에 죽기 전에 모국 땅이라도 밟아보고 싶어 한다. 그도 안 된다면 죽어서라도 고향 땅에 뼈라도 묻히기를 간절히 바라고 있다. 이들은 2차대전 종전 후처리의 무관심이 빚어낸 이산 피해자들이다.

사할린을 제외하고 연해주와 아무르 주, 비로비잔·캄차카·마가단 등지의 극동에 흩어져 살아가는 사할린 1세 거주자는 모두 1천여 명. 이들은 1945년 8월 15일 이전 거주자들로서 가장 나이 많은 1930년 이전 출생자만도 극동 전역에 3백여 명, 하바로프스크 시에만도 2백여 명이 몰려 있다. 거의가 일제 때 탄광 등지로 끌려가 일하다가 종전 후 사할린이 소련에 복속되어 미처 귀국하지 못한 사람들이다.

생존 위해 귀국의 꿈 접고 소련 국적 취득

종전 당시 사할린의 한인 수는 약 5만 명 정도였다. 오랫동안 섬 안에 묶여 지내던 그들 대부분은 1953년 스탈린 사후 여행권패스포트 마련 당시 소련이나 북한 국적을 택했다. 귀국의 꿈을 버리지 못한 남한 출신 20% 정도는 무국적자로 남았다. 그러나 조국은 물론 일본이나 소련 정부 모두는 이들에게 귀향의 길을 터주지 않았다. 결국 이들은 고향을 그리다 숨을 거두었거나 자녀교육 등 사회보장 혜택을 받기 위해 소련 국적을 택할 수밖에 없었다.

한반도와 가까운 블라디보스토크 쪽은 60년대까지만 해도 군사시설이 많아

하바로프스크의 샤리사바 거리.

한국어교사들 토론회(위).
하바로프스크 한국교육원에서 한국말을 공부하고 있는 러시아 젊은이와 한인 학생들(아래).

위보르그스키 시장에서 식료품 가게를 운영하는 재중동포 박철남 · 이순옥 씨 부부.
이곳에서는 중국에서 온 동포 300여 명이 장사를 하고 있다.

폐쇄된 도시나 다름 없었고 사할린에는 고등교육기관이 없었다. 그 때문에 자식의 교육을 위해 어쩔 수 없이 사할린 섬을 떠나 하바로프스크로 이주한 동포들도 있다.

요즘 이들의 손자손녀들이 하바로프스크 사리샤바 거리에 있는 한국교육원원장 양형렬에 몰려들고 있다. 한국말을 배우기 위해서이다. 잊혀진 모국어를 가르치고 배우려는 열기는 자못 진지하고 뜨겁지만 정작 이들을 붙잡고 끌어줄 힘은 미약하기만 하다. 수준별 교재가 없어 교사들은 다른 외국어 교재를 참고해가며 지도하고 있었다.

취재진이 교육원을 찾은 날, 마침 강당에서는 청소년과 대학생 등 30여 명이 소비자대학 교원을 지낸 황희정黃姬正 선생의 지도로 한국말을 공부하고 있었다. 하바로프스크 사범대 한국어과 출신 교사들과 이 학교 한국어과 교수들의 정기 모임도 열리고 있었다. 이들은 매주 한 차례씩 7~8명 정도가 모여 한국 신문을 읽으며 공부한다고 한다.

9 · 김일성부대 주둔 뱌트스코예 마을
폐허에 묻힌 빨치산 활동 근거지

하바로프스크에서 북쪽으로 약 70km 떨어져 있는 뱌트스코예 마을.
아무르 강변에 자리잡은 이 작은 마을은 1942년부터 3년 동안
김일성金日成과 김책金策, 최용건崔庸健 등 훗날 북한 정권을 탄생시킨 주역들이
활동했던 88여단의 주무대이다.
현재 부근에는 하바로프스크 사범대의 휴양지가 있다.

취재진이 이곳을 찾았을 때는 평일의 쌀쌀한 날씨에도 승합차를 타고 온 여행객 10여 명이 숙소로 짐을 나르고 있었다. 휴양소 앞 뜰에는 작은 곰 한마리가 철창으로 된 우리 속에서 오락가락하고 있었다.

소련군의 정규편제 아닌 특수부대

김일성이 소속된 만주의 동북항일연군은 일본군의 거센 토벌 공세에 밀려 1941년부터 중·소 국경을 넘어 소련 땅에 들어갔다. 그 해 6월 소련은 독일의 침공을 받은 데 이어 12월 일본이 태평양전쟁을 일으키자 아시아쪽을 걱정하지 않을 수 없었다. 소련은 관동군과의 전투에 대비해 동북항일연군을 그들의 정규군 편제와는 별도로 '국제홍군紅軍 특별독립 제88여단' 으로 편성하고 이듬해 뱌트스코예 지역에 주둔시켰다.

당시 여단 본부는 하바로프스크 북쪽 그냐지포르콤다에 두었다. 여단 규모는 모두 2백여 명으로 여성을 포함한 60여 명 정도의 한국인, 중국인 약 100명, 몽

천장과 벽체 곳곳이 무너져내려 폐허가 된 88여단 김일성부대 막사.

골인 10여 명과 소련 정규군 병력 일부가 포함됐다.

여단장은 중국인 저우바오중周保中이 맡았고 본부의 참모는 최용건이었다. 김일성은 대대장에 해당되는 제1영장營長, 6·25 당시 북한 인민군 총참모장이던 강건姜健은 제4영장, 6·25 당시 인민군 전선사령관이던 김책은 제3영의 정치부영장, 인민군 초대 총참모장 안길安吉은 제2영의 정치부영장으로 복무했다. 다른 간부직은 거의 중국인이 차지했다.

여단장 저우바오중은 대좌급 대우를 받았고, 영장인 김일성·강건 등은 소좌급의 대우를 받았다. 소련 극동군정찰국은 이 특수부대원들을 교육 훈련시키는 한편 정찰업무 등에 활용했다. 대원들은 거의 중국공산당 당적을 갖고 있어 중공의 '동북교도여단'을 자칭하기도 했다.

마을 주민의 안내로 찾아간 88여단 김일성부대 막사는 이 휴양소 옆 숲길을 따라 5분 걸음이 채 안 되는 곳에 있었다. 크기는 8×12m 정도. 통나무 건물로 벽체 일부와 창문이 무너져 있었다. 지붕은 형체도 없었고 천장에는 여기저기

뱌트스코예 마을 88여단 김일성부대 막사.

구멍이 크게 뚫려 있었다. 건물 안에는 나무판과 벽돌이 어지럽게 쌓여 있고 흙먼지가 뿌옇게 덮여 있다. 밥을 타 먹는 곳이었을까. 기둥에 붙은 널빤지에는 돼지가 그려져 있다. 페인트가 선명한 것으로 보아 후일 그려진 듯하다.

　김일성은 88여단에 소속된 직후인 1941년 봄_{29세} 연해주의 한 병영에서 여성대원 김정숙金貞淑, 당시 22세과 두 번째로 결혼했다. 결혼식은 여단 참모부 식당에서 여단장 저우바오중의 주례로 조출하게 치러졌다.

　이듬 해 2월 16일 라즈돌노예의 병영에서 태어난 김정일金正日은 1주일만에 뱌트스코예로 옮겨져 3살 때까지 이곳에서 지냈다. 북한은 김정일이 백두산 부근 밀영에서 태어났다고 주장하지만 이곳 뱌트스코예가 김정일의 출생지라는 설도 있다.

뱌트스코예 마을.

하바로프스크에는 1970년대 초 당시 북한 민족보위상이던 김창봉金昌奉, 대남 첩보부장 허봉학許鳳學, 군총참모장 오진우吳振宇 등 실력자들이 공식 방문한 적이 있다. 유격대 활동을 했던 그들로서는 러시아에 들렀다가 모처럼 옛 추억의 장소를 돌아보고도 싶었을 것이다.

김정숙과 결혼, 김정일 세 살 때까지 지내

당시 오진우는 이곳에서 극동군 참모부 운전수로 일하는 옛 러시아인 동지와 감격적인 해후를 했고 사령부에서 열린 만찬에 그를 초대하기도 했다. 취재진을 안내한 이주학 선생은 당시 북한측 인사들을 동행해 통역을 했다며 그때 일을 증언했다. 그러나 북한의 모든 김일성 전기물과 현대사 교과서는 뱌트스코예 마을 등 옛 소련에서의 행적을 부정하고 있다. 중국과 러시아의 사료, 주위 관계자

뱌트스코예 마을 숲 속에 있는 빨치산 묘지. 비석은 세워져 있지만 아무런 문구가 없다.

들의 생생한 증언이 있는 데도 이를 모른 척하고 있는 것이다.

그들은 김일성이 이끈 '조선인민혁명군'이 8·15 광복 때까지 만주에서 15년간 10만여 회의 항일 무장투쟁을 독자적으로 벌였다고 주장하고 있다.

본명이 김성주金成柱인 그는 8·15 광복 후 소련군을 따라 평양에 왔다. 그해 10월 14일 소련군 사령관 치스차코프가 평양 시민들 앞에서 김성주를 '김일성 장군'이라 소개한 뒤 그의 과거사는 영웅적인 지도자의 모습으로 끝없이 덧칠해졌다.

인근에는 이름 모를 빨치산 무덤이

김일성부대 막사에서 가까운 숲 속에는 항일 빨치산의 무덤이 남아 있다. 무덤 주위로 철책이 쳐져 있었으나 오랜 세월 탓인지 쇠줄이 여러 군데 사라진 채 비어 있다.

누구의 무덤일까. 묘비는 우뚝 서 있는데 아무 글자도 새겨져 있지 않다. 소문으로는 한 사람의 묘가 아니라 여러 사람을 합장한 것이라고도 한다.

주민들은 이 묘가 20년쯤 전 새로 조성됐는데, 묘비 앞에는 10년 전까지만 해도 항상 꽃다발이 놓여 있었고 지키는 사람도 있었다고 증언한다.

88여단에서의 행적이 김일성에게는 지워버리고 싶은 과거였을까. 낯선 이국 땅에 묻힌 백비의 주인공은 과연 누구일까. 말없이 서 있는 그 비석이야말로 세상에 드러낼 수 없는 88여단의 사연을 웅변해주고 있는 듯하다.

김일성부대 증언

와르두기나 세르게나

김일성이 뱌트스코예 마을에 머물던 시절을 기억하는 주민은
별로 없다. 주민 수가 많지 않고, 이미 60년 가까운 세월이
흘렀기 때문이다. 취재진이 이곳 저곳을 수소문해 어렵사리
찾아 낸 와르두기나 세르게나 할머니는 학생 시절 김일성부
대에서 공연을 한 적이 있고, 이곳에서 김일성의 아들로 기억
되는 이의 장례도 치러졌다고 말했다.

－김일성부대가 여기 주둔했나?

그렇다. 농가 몇 채가 수용되면서 부대가 몇 년간 주둔했다. 예전에는 부대가 있던
이곳을 '바이칼'이라고 했다. 그때는 이 부근에 연어 같은 물고기나 산짐승이 많아
지내기도 괜찮았다.

－김일성과 관련해 떠오르는 일은?

내가 학교 다니던 15~16세 때쯤의 혁명기념일인 11월 7일, 아마추어 예술단으로 부
대를 찾아 공연한 적이 있다. 기념식이 끝난 뒤 김일성을 가까이서 볼 수 있었다. 그
때 김일성은 아주 젊었고 몸집이 괜찮은 편이었다. 아들 정일이 갓난아이 때 이곳에
서 자랐고 그의 동생인지 형인지 여기서 죽어 장례를 치르기도 했다(김정일의 친형이
있었는지는 알려진 바 없고 1살 아래 남동생 '유라(러시아명)'는 1948년 여름 5세 때
평양 신양리 관사 연못에서 익사했다. 따라서 세르게나 할머니의 기억이 맞다면 이
는 앞서 묘비명이 없는 빨치산 무덤의 주인공과도 관계가 있을지 모른다. 부대는 2차
대전이 끝나면서 옮겨갔다).

－당시를 기억할 만한 사람이 마을에 몇 명이나 있는가?

나를 포함해 셋 정도이다.

〈2000년 인터뷰 당시, 세르게나 할머니의 나이는 70세였음〉

71

10 · 볼쇼이 우수리스크 섬
러·중 국경분쟁 마침표
중국 귀속 후 개발 '기지개'

하바로프스크의 문화휴식공원에서 바라본 아무르 강의 너비는
한강 하류의 3배는 되어 보였다.
황토색 강물 위로는 화물선과 여객선이 수시로 오가고
여름이면 관광객으로 붐빈다는 강변은
모랫바람과 추위 탓인지 무척 한산했다.

몽골 고원 북쪽 골짜기에서부터 흘러내리는 아무르 강의 길이는 자그마치
4350km. 5570km의 오브 강에 이어 러시아에서 두 번째로 긴 강이다. 공원 전
망대에서 보면 왼쪽이 우수리 강, 약간 오른쪽이 아무르 강이며 마주 보이는 섬
뒤쪽은 바로 중국 땅이다.

중·러 국경을 따라 동진하던 아무르 강중국 이름 헤이룽강,黑龍江 줄기는 여기서 우
수리 강과 만나면서 북쪽으로 방향을 틀어 오호츠크 해로 빠진다.

인구 2천 명, 여의도의 35배 크기

취재진은 이곳에서 뱃길로 옛소련 시절부터 중국과 국경 분쟁을 빚어온 볼쇼
이 우수리스크 섬중국이름 헤이샤쯔섬,黑子島을 찾아보기로 했다.

세계에서 가장 큰 땅덩이를 가진 나라와 가장 많은 인구를 거느린 나라인 두
사회주의 형제국끼리 40년이 넘도록 서로가 '내 땅'이라고 다퉈왔다는 점이 흥
미로웠기 때문이다.

볼쇼이 우수리스크 섬의 한적한 농가.

  여러 개의 섬으로 이뤄진 볼쇼이 우수리스크 섬의 면적은 약 320km². 여의도
의 35배 크기다. 러시아 개혁·개방 노선 이후 두 나라는 화해와 협력의 길로 들
어섰다. 국경 분쟁도 거의 해결됐지만 2005년에 이르러 이 섬의 영유권 문제도
마지막으로 타결을 본 것이다.

  그동안 중국은 "강 주요 물길의 중심선이 섬 바깥쪽을 돌아 나가므로 이 섬은
중국 영토"라고 주장해 왔다. 그러나 러시아는 다른 분쟁 지역의 경우와 달리 이
섬에 관한 한 중국의 요구를 받아들이지 않았다.

  아편전쟁 이후 국력이 기운 청나라는 1858년 아이훈愛琿조약에서 한반도 크기
의 두 배가 넘는 아무르 강 이북 땅 45만km²을 러시아에 내어 주고 1860년 베
이징조약에서는 연해주 30만km²와 서북쪽 신장新疆지구 85만km²까지 잃었다.
무력을 앞세운 러시아에 불평등조약으로 땅을 내준 중국으로서는 반감이 클 수
밖에 없었을 것이다.

  2차대전 후 중국 대륙이 공산화하면서 우의가 두터웠던 두 나라는 사회주의

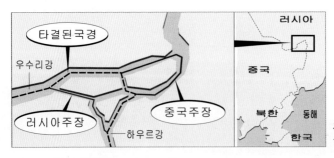

2005년 새로 타결된
볼쇼이 우수리스크 섬 국경.

노선을 둘러싼 이념 논쟁과 함께 국경 분쟁을 벌였고 중국은 1960년대 들어 소
련에 대해 경계선의 재검토와 교섭을 잇따라 요구했다. 그 와중에 1969년 3월
우수리 강의 다만스키 섬중국 이름 전바오섬,珍寶島에서 두 나라 국경수비대가 충돌해
수백 명의 사상자를 냈다. 하바로프스크에서 멀지않은 코르진스키 섬중국이름 바차
섬, 八島과 서쪽의 신장 지구에서도 유혈 충돌이 잇따랐다.

1960년대 양국 무력 충돌 수백 명 사상

1989년, 두 나라는 30년만에 화해의 길로 들어선다. 개혁·개방의 '신사고'
를 제창한 고르바초프가 국경분쟁과 관련해 "하천 국경은 주요 항로를 중심선으
로 하자"는 중국의 주장을 받아들이기로 했기 때문이다.

이후 두 나라는 국경회담 결과 1990년부터 국경에 배치된 군 병력 수십만 명
씩을 줄였고, 1997년 마침내 헤이룽장 성 북부 대초원지역부터 지린吉林 성의 두
만강 유역에 이르는 동부지역 4330km 국경선 가운데 하바로프스크 일대 약
50km만을 남겨둔 채 국경 획정작업을 마무리했다. 이로써 중국은 아무르 강과
우수리 강에 있는 크고 작은 600여 개 섬 중 전바오 섬 1km²1990년 7월 이양 등 잃
었던 섬 수백 개를 되찾았다.

마지막 남은 미획정 구간 가운데 볼쇼이 우수리스크 섬은 섬 중앙에 국경선을
그어 두 나라가 분할 지배하기로 했다. 2005년 6월 두 나라 외무부장관이 추가
협정 비준서를 교환함으로써 중·러 간 모든 영토 분쟁은 일단락됐다.

열악한 교육·교통 환경, 감소하는 인구

볼쇼이 우수리스크 섬을 오가는 배편은 강물이 어는 겨울철을 빼고 매일 3~4차례 있다. 가방이나 보따리를 든 아주머니, 배낭을 짊어진 청년과 노인 등 40여 명이 배 위에 오르자 선실은 금세 가득 찼다.

배는 물길을 거슬러 30여 분만에 목적지에 닿았다. 배에서 내린 취재진은 마을 어귀의 상점에 들어섰다. 널찍한 공간에 빵, 비스킷, 잡화류가 띄엄띄엄 진열돼 썰렁한 느낌이다.

어린 시절부터 이곳에서 컸다는 50대의 주인 아주머니는 "주민이 예전보다 많이 줄었다"고 했다. 이 섬 인구는 모두 2000여 명. 그 중 배가 닿는 부근 마을에는 500여 명이란다.

볼쇼이 우수리스크 섬 주민들. 이들은 겨울철에 도시로 나갔다가 여름이면 돌아온다.

"왜 인구가 줄어드나?"

"교통과 교육 여건 등이 안 좋기 때문이다. 도시에 가면 돈 벌기 쉽다고 젊은 이들이 자꾸 빠져나간다. 남은 사람은 노인이 태반이다."

"주민 생업은 무엇인가?"

"야채나 감자 농사를 많이 짓는다. 하바로프스크 시민들의 식탁에 오르는 부식은 거의 여기서 가꾼 것들이다."

그녀는 "여름철이면 놀러오는 사람이 많아 평화롭던 분위기가 깨지고 있다"고 불만을 털어놓을 뿐 영유권 문제에는 별 관심을 보이지 않았다.

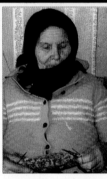

볼쇼이 우수리스크 섬의 한 주민이 공동주택에서 물을 받고 있다. 왼쪽은 오시포와 마리나 할머니.

섬을 한바퀴 돌아본 취재진은 매서운 강바람과 추위를 피할 겸 2층짜리 공동주택의 문을 두드렸다. 주인은 14살의 손자와 함께 사는 오시포와 마리나 할머니79세였다. 소파에 앉아 털실로 장갑을 짜던 할머니는 순순히 길손을 맞았다.

이 건물에는 14 가구가 사는데 다섯 집만 일자리를 갖고 있고 나머지는 연금으로 겨우 살아간다. 마리나 할머니 역시 연금으로 생활을 한다. 매달 받는 돈은 500루블약 2만 원. 손자에 대한 고아보조금은 월 500루블이다. 하지만 최근 몇달째 연금을 타지 못했다. 나라 살림이 어려운지 늦게 주는 일이 다반사라고 한다.

볼쇼이 우수리스크 섬의 한적한 농가.

배에서 내리는 볼쇼이 우수리스크 섬 주민들.

러 진출, 인구 급증 영향력 키우는 중국

볼쇼이 우수리스크 섬의 영유권을 놓고 러시아와 중국이 끝까지 줄다리기를 했던 것은 이곳의 위치가 안보에 큰 비중을 차지하기 때문이다. 러시아로서는 아무래도 극동군 사령부가 있는 하바로프스크 턱 밑에 위치한 이 섬을 그냥 내주기 어려웠을 것이다.

13억이라는 거대 인구의 중국. 물밀듯이 밀려드는 값싼 물자와 노동력은 필요하지만 덥석덥석 받아들일 수만은 없는 게 러시아 지도층 입장의 고민인 듯하다. 역사적으로 제기되어 온 '황화론黃禍論'과 '인해전술'의 불안감이 깔려 있기 때문이 아닐까.

하바로프스크의 위보르그스키 시장에서 만난 옌볜延邊 출신 '조선족' 상인 김영화47세 씨의 말은 기자의 이런 심증을 뒷받침해 주었다.

"볼쇼이 우수리스크의 기타이 바자르중국시장와 블라고베시첸스크에서, 러시아 경찰이 중국 상인을 마구 단속했다가 오히려 시민의 반발에 부딪친 일이 여러 번 있었다"는 것이다. 중국인이 경찰의 단속을 피해 일제히 가게 문을 닫아버리자 생필품을 구하지 못한 러시아 시민들이 경찰서까지 쫓아가 항의하자 하는 수 없이 경찰이 단속을 완화했다는 것은 인해전술이 먹혀들고 있는 실례가 아니고 무엇인가.

러시아 곳곳에서 중국인들이 노동시장과 상권을 좌우하고 있다. 땅의 소유권은 러시아에 있다지만 그 땅 주민의 생존에 불가결한 노동력과 경제권은 중국인들이 주도해가고 있으니 과연 시베리아의 주인을 누구라고 할 수 있을까.

11 · 유대인 자치주 州都, 비로비잔
황무지에 핀 '시오니즘'
유대인 학교 인기

하바로프스크에서 서쪽으로 약 180km 떨어진 비로비잔은
유대인 자치주의 주도 州都이다. 러시아 연방을 이루는 89개의 행정 구역,
즉 21개 공화국, 6개 지방, 49개 주, 2개 특별시, 1개 자치주, 10개 자치관구 가운데
하나뿐인 자치주가 유대인에게 할애되어 있다는 사실,
그 자치주가 또 극동 지역에 자리잡고 있다는 점은 무척 흥미롭다.

서기 70년, 로마에 정복됨으로 '시온동산'에서 추방된 유대인은 세계 곳곳에 흩어져 살아 왔다.

1900년 가까운 세월 동안 박해와 천대를 꿋꿋이 견디며 종교적 전통을 지켜 온 그들에게 시온동산은 늘 영혼의 고향이었다.

나라가 없던 시절, 옛 소련은 유대인들에게 '자치주'를 허용했다. '시베리아 개발'을 겨냥한 이주정책이었다.

사람이 살지 않던 황무지, 겨울이 7개월이나 이어지고 한겨울이면 섭씨 40도를 밑도는 혹한. 여름이면 모기 떼가 극성을 부리는 척박한 습지 비로비잔을 소련은 유대인의 머리와 손, 유대인의 돈으로 개발하려 한 것이다.

시베리아횡단철도에서 가장 긴 아무르 대철교와
유대인 자치주 주도의 비로비잔 역.

日도 만주에 유대인 이민 모색

만주에 괴뢰정권을 세운 일본도 한
때 만주에 독일계 유대인 5만 명의 이
민을 받아들인다는 야심찬 계획을 세
운 바 있다. 태평양 전쟁을 일으키는
바람에 실패로 끝나긴 했지만 그들의 기발한 착상은 바로 옛 소련의 사례를 본
뜬 것이다.

하바로프스크에서 비로비잔으로 가는 길에는 시베리아횡단철도에서 가장 긴
철교가 있다. 길이 3500m에 이르는 아무르 대철교다. 이 철교를 지나면 바로
'예브레이스카야 유대인 자치주'에 들어선다. 비로비잔 입구와 역 건물의 표지
가 러시아어와 함께 히브리어로 쓰여 있는 게 이채롭다.

유대인 이주 권장한 러시아 황제 니콜라이 2세

아무르 강 지류로 비라 강과 비잔 강을 낀 비로비잔은 원래 작은 항구 마을이었다. 이곳을 포함한 극동 시베리아에 유대인이 조금씩 들어온 것은 19세기 말쯤이었다. 러시아 황제 니콜라이 2세는 중국에서 빼앗은 이 지역을 러시아화하기 위해 유대인 이주를 권장했다.

당시 리투아니아 · 벨로루시 · 우크라이나 등 유럽쪽 러시아 영토에는 약 4백만 명의 유대인이 살았다고 한다.

러시아인들에게는 전통적으로 반유대주의의 뿌리가 깊어 유대인은 상트페테르부르크나 모스크바 같은 대도시로는 진출할 수 없었다. 그러나 이후 트로츠키 · 스베르돌로프 · 지노비예프 등 쟁쟁한 유대인들이 볼셰비키 혁명에 적극 가담하면서 유대인의 영향력이 커져 갔다. 그러한 변화에 힘입어 신생 소비에트 정부는 1924년 유대인 자치구역을 만들기로 하고 이곳에 학자들을 보내 타당성을 조사했다.

본격적인 이주는 1928년부터였다. 멀리 폴란드에서도 왔지만 주로 벨로루시와 우크라이나에서의 이민이 많아 10년 새 인구는 약 4만 명까지 육박했다. 이들은 주로 농사를 지었는데 기승을 부리는 모기 떼와 7개월이나 이어지는 긴 겨울 추위로 정착에 어려움을 겪어야 했다.

1934년 5월 비로비잔 군은 유대인 자치주로 승격된다. 그러나 이곳 주민들은 1938년 반유대주의 정책을 편 스탈린 치하에서 혹독한 탄압을 받았다.

비슷한 시기 극동의 한인들이 그랬듯이 시인, 작가 등 유대인 지도자들 역시 대거 연행돼 수감됐다. 유대인 학교와 도서관 예배당이 폐쇄됐고 누구도 히브리말은 입 밖에 낼 수 없었다. 2차대전이 끝난 뒤에도 배우 등 유대인 다수가 체포되거나 총살당했다.

탄압과 규제는 스탈린이 죽고 흐루쇼프가 등장하면서 풀렸다. 유대인 극장이 다시 생기고 유대인 학교도 부활했다. 그러나 유대인들은 이 빛바랜 '약속의 땅'

유대인 학교 어린이들.

을 등지기 시작했다. 특히 옛 소련이 몰락하면서 표방한 개방·개혁정책 이후 유대인 사이에는 한동안 새로운 가능성을 찾아 이스라엘이나 미국으로 향하는 이민자가 줄을 이었다.

유대인 거주 인구 4만 명에서 1만 5000명으로 줄어

현재 이 지역의 유대인은 자치주 전체 인구 21만 명의 약 7%인 1만 5000명, 비로비잔에는 5000명쯤으로 추정된다.

인구는 줄었지만 '유대인 자치주'의 명맥은 살아 있다. 유대인 신문이 나오고 유대인 학교는 일반 러시아인에게도 인기가 높다. '아시아의 이스라엘'은 이제 그 상징적 의미를 넘어 발전 잠재력으로 꿈틀대며 미국 유대계나 이스라엘과의 유대도 돈독하다. 그들의 지원과 투자를 끌어들일 수 있다는 기대가 커지고 있기 때문이다.

유대인 신문 '비로비자니에르 슈테른' 미술팀장(오른쪽)과 이주학 선생.

비로비잔에서 매주 화·목요일 두 차례 발간되는 유대인 신문 '비로비자니에르 슈테른' 은 이디시어독일어의 영향을 많이 받은 히브리 방언로 나온다. 부수는 4000부.

이 신문사 미술팀장인 46세 챠브 씨의 말에 의하면 "자치주 신문이어서 주정부 보조금이 나온다"며 "독자 대부분이 비로비잔 시내에 산다"고 했다.

"유대인 수가 계속 줄어든다던데?"

"지난 1990년대부터 10여 년 간 계속 줄기만 했으나 이제는 안정세다. 2000년 초까지만 해도 이스라엘 이주 희망는 300세대에 이르렀지만 지금은 50세대 정도에 그치고 있다. 최근에는 이스라엘에서 되돌아오는 사람도 꽤 있다."

"왜 돌아오는가?"

"이스라엘 현지 적응이 쉽지 않은 탓이다. 아직은 어렵지만 시베리아에는 보다 많은 기회가 열려 있다. 여긴 규모는 작아도 식품가공, 농기계, 봉제업과 목재 가공업이 성하다."

美유대계, 이스라엘과 긴밀한 유대·지원

비로비잔 유대인 제2학교는 아담하고 깨끗했다. 1~11학년 35개 반에 총학생수 840명, 교사는 52명이다. 교과목 가운데 이디시어와 히브리어가 주 2시간, 영어 2시간, 러시아어는 초급반 4시간, 상급반 1~2시간이다. 약 35%의 혼혈인을 포함해 학생 절반이 유대인이다. 학생들은 과외와 동아리 활동 시간에도 이디시어를 배우고 유대의 역사와 풍습, 노래, 춤을 익힌다.

이 학교 사조노와 타치아나 부교장은 "이스라엘 정부 초청으로 청소년 연수 캠프도 열리지만 친척과 친지가 많아 해마다 교사와 학생들이 이스라엘에 다녀온다"며 "요즘엔 유대계를 알아야 한다는 생각 때문에 자녀를 일부러 이 학교에 보내는 러시아인 학부모도 늘고 있다"고 했다.

이 학교는 최근 유대인 학교로 공인되어 앞으로 정부 원조 외에도 세계의 유대계 재단으로부터 지원금을 받게 됐다. 이에 따라 학교 측은 1000~2000루블약 4만~8만 원이던 교사 월급을 단계적으로 올리고 학교시설도 확충해가고 있다.

타치아나 부교장이 안내한 교내 자료실에는 유대인의 갖가지 역사 자료가 전

유대인 제2학교 전경.

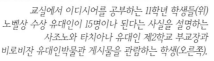

교실에서 이디시어를 공부하는 11학년 학생들(위)
노벨상 수상 유대인이 15명이나 된다는 사실을 설명하는
사조노와 타치아나 유대인 제2학교 부교장과
비로비잔 유대인박물관 게시물을 관람하는 학생(오른쪽).

시돼 있었다. 노벨상을 받은 유대인 15명의 이름과 얼굴, 소련 시절부터 장군이나 제독의 칭호를 받은 유대인이 자그마치 202명이고 전쟁 영웅이 124명이라는 등 '자랑스러운 유대인'의 면모와 함께 히틀러의 600만 유대인 학살 내용을 담은 사진들, 생활 속에 지켜야 할 10가지 계율과 전통 명절도 소개하고 있다.

개방 이후 자긍심과 애국심을 잃어가는 러시아 사회에서 유대인 학교의 교육자료는 유대인의 혼과 긍지를 일깨우는 내용으로 가득 채워져 있었다. 출애굽이후 수천 년 이어온 유랑생활을 극복하고 살아 남은 저력은 바로 교육의 힘이 아니었을까.

'젖과 꿀이 흐르는 땅'에의 꿈은 시오니즘의 부흥과 함께 시베리아 오지에서도 뿌리내리고 있었다.

울창한 시베리

3
광활한 자연, 동시베리아

혹한의 땅 달구던 종교와 사랑

가도가도 끝없이 펼쳐지는 타이거 삼림과 평원…
시베리아는 세속적 시공간의 잣대를 거부하는 광활한 땅이었다.
하바로프스크에서 부랴트 공화국 수도인 울란우데까지는
시속 90km, 열차로 꼬박 52시간이 걸린다.
이마저도 시베리아의 절반 거리에 불과할 뿐이다.
차창을 스쳐 지나가는 경치를 바라보노라면
열차는 그저 끝없이 제자리를 맴돌고 있는 듯한 착각에 빠져든다.
단거리 열차 여행 때 떠올리는 '낭만'이라는 말조차 사치스럽다.
그저 무심해질 뿐.

12 · 시베리아 삼림
늘어가는 남벌
철길 야적장엔 중국行 목재 산더미

취재진이 하바로프스크에서 며칠 간 묵은 이무르 호텔은 내부 공사가 한창이었다.
마침 목재 관련 취재에 나서던 날, 필자는 엘리베이터 앞에서
북한 근로자 몇 명을 만났다. 호텔 내부 공사를 하는 이들이었다.
반갑게 악수를 나눈 뒤 몇 마디를 주고받았다.

"어디서 왔나?"

"평양에서 왔다."

"하는 일은?"

"호텔의 낡은 천장이나 벽체를 뜯어
내고 깨끗이 단장하고 있다. 여섯 명이
목공 미장일까지 다한다."

"늘 건설 일만 하나?"

"겨울엔 벌목하는 일도 많이 한다.
우린 두어 달 간 이곳 일만 할 예정이다."

극동 러시아에 나와 있는 북한인 수가 어느 정도인가를 묻자 "잘 모른다"고 답
한다.

하바로프스크 등 극동지방의 산판이나 건축 공사장에서 용역 계약으로 일하
는 북한인은 옛 소련 붕괴 직전만 해도 2만 명에 육박했지만 최근 들어 많이 줄

었다. 연해주와 하바로프스크 지방에만 6000여 명의 벌목일꾼이 있다고 알려져 있다.

북한 벌목일꾼 6천여 명, 겨울철엔 건설노동

하바로프스크 시내 동쪽 화력발전소 옆 3층짜리 붉은 벽돌 건물에는 벌목공 등 외화벌이 일꾼을 관리하는 북한의 '원동 임업대표부'가 있다. 벌목공이 일하는 시기는 겨울철인 11월부터 이듬 해 4월 말까지. 비수기인 5월부터 10월까지는 몇 명이 팀을 이뤄 인근 도시에서 건설이나 농업 일꾼 등으로 일한다. 거의가 합숙 생활을 하며, 대개 세 명이 한 조를 이루어 일한다. 하루 수입에서 250루블약 10달러꼴로 나라에 내게 돼 있다.

하바로프스크 공업지구 야적장에 쌓인 수출용 원목들.
이 원목은 화물열차에 실려 연해주 우수리스크를 거쳐 중국의 수이펀허로 들어간다.

시베리아 민속촌 목재건축박물관 내 목조 구조물과 내부.

취재진의 차를 몰던 러시아인 유라는 "북한 노동자들은 눈곱 만큼 먹으면서 일은 하루종일 한다"며 그들의 부지런함에 혀를 내둘렀다.

시베리아는 동서의 길이가 7000km, 남북은 3500km로 한반도 면적의 30배 658만㎢나 되는 광대한 땅이다. 보통 우랄산맥 동쪽 사면斜面부터 태평양 사면의 '극동부'를 제외한 땅을 일컫는다. 중심부의 예니세이 강을 기준으로 동·서 시베리아로 나누기도 한다.

16세기 후반 러시아는 코사크 기병대를 앞세워 우랄산맥 너머 시베리아로 전진했다. 처음 러시아가 시베리아를 탐낸 가장 큰 이유는 모피 때문이었다. 모피는 당시 러시아 황실 재정 수입의 10분의 1을 차지할 만큼 경제적 비중이 컸던 것이다. 여우나 늑대에서부터 곰과 호랑이에 이르기까지 야생동물의 보금자리이자 각종 지하자원의 보고인 시베리아는 오늘날 세계적인 목재 공급지로도 각광받고 있다.

시베리아의 삼림은 지구 전체의 5분의 1 가까운 규모이다. 특히 온·한대림만 따지면 절반 이상을 차지한다. 러시아 삼림 가운데 목재 생산이 가능한 지역은 약 8억2500만ha. 그 대부분이 시베리아에 몰려 있다. 적도 부근의 삼림 축적량은 갈수록 줄어드는 데다 운송거리도 길다. 시베리아 삼림은 '아직' 벨 수 있는 양伐採面積보다 자연적으로 자라나는 양이 많지만 벌채량이 폭발적으로 늘어나는 추세다.

하바로프스크 공업지구의 철도변에는 목재 야적장이 몇 군데 있다. 인근 벌목장에서 베어온 전나무·자작나무 등 활엽수 원목들이 3~4m 높이로 길게 쌓여 있고 한쪽에서는 기중기가 이들 나무를 들어올려 끊임없이 화물열차에 싣고 있었다.

작업장에서 일하는 한 인부는 "하바로프스크 지방에서 벤 수출용 원목은 주로 BAM바이칼아무르 철도로 소베츠카야가반과 바니노 항구까지 운송돼 배에 실린다. 여기는 중소업자가 베어온 원목을 품질별로 나눠 중국이나 항구로 보내는 곳"이라고 설명했다. 대형업체의 목재는 보통 생산지에서 곧바로 운송 처리된다.

중국이 수입하는 시베리아 원목은 치타에서 만주로, 극동의 원목은 주로 우수리스크를 거쳐 그라데코바에서 수이펀허로 넘어간다. 최근 연결된 두만강 북부의 마카레나~훈춘의 운송 경로도 있다.

하바로프스크에서 시베리아 목재를 수입하는 한국 회사는 3~4개. 이들은 요즘 미국과 일본의 수입상보다 중국의 수입상과 경쟁을 벌이는 처지다. 이곳에서 9년째 목재를 수입해 온 티엔에이*T&A* 임상균 사장은 "예전엔 일본이 아시아에서 시베리아 목재를 가장 많이 사간 나라였지만 2001년부터는 중국으로 바뀌었다"고 했다. 최대 수입국인 핀란드마저 제친 상황이다. 한국은 외환위기 이후 건설 경기가 침체돼 목재 수입이 주춤했으나 점점 늘어가고 있다.

중국 황사 · 홍수 내몽고 남벌 때문

중국의 목재 수입은 폭발적으로 늘고 있다. 2000년 전체 수입 목재 약 1500만m³ 중 40%인 600만m³가 시베리아산이었다. 주택 · 건설 경기가 활황인데다 중국 내 벌목 금지구역이 대폭 늘어났기 때문이다.

해마다 양쯔*揚子* 강 대홍수를 겪어온 중국은 홍수 피해를 줄이려고 1998년부터 양쯔 강과 황하 상류, 동북 삼림지역 등 대규모 국유 삼림지구에서의 벌목을 금지했다. 이후 중국의 외국 목재 수입량은 1998년 400만m³, 1999년 1000만m³, 2000년 1500만m³로 급증했는데, 2025년에는 무려 2억m³에 이를 것이라고도 한다.

수입 물량 가운데 러시아 목재의 비중이 날로 늘어가는 만큼 시베리아 삼림의 남벌*濫伐*이 우려되고 있다. 이미 동남아의 원시림은 중국의 경제발전 때문에 황폐화했다는 지적이 나온지 오래다.

중국이 겪어온 극심한 황사와 홍수 피해도 실은 남벌이 빚은 재앙이었다. 나무를 마구 베어버린 바람에 내몽고 등지의 사막화가 가속화했던 것이다.

시베리아의 삼림 파괴는 또다른 자연 재앙을 자초할지 모른다. 토양이 침식되고 동토지대가 습지화하면 아예 나무를 심으려 해도 심을 수 없는 불모지가 된다는 국제환경단체의 경고도 있다. 러시아로서는 나무를 벤 것 이상으로 심고

세계적인 목재 공급지로 각광받는 시베리아는 여우·늑대에서부터 곰·호랑이에 이르기까지
야생동물의 보금자리이자 각종 지하자원의 보고이다.

가꾸어야 하는 숙제를 안고 있는 것이다.

　임 사장은 "요즘엔 현찰을 들고 나무를 사가려는 중국인이 너무 많아 원목 값
이 뛰고 있다"고 한다. "한국에서 목재산업의 부가가치가 낮은 데다 환란 이후
몇년 새 건설경기가 주저앉아 가구업체와 원목 수입·판매업체도 어려움이 많
다"며 "목재산업도 고부가 산업으로의 전환이 필요하다"고 말했다. 그 자신 특
수가구에 쓰이는 고급 수종으로 수입품목을 바꿔볼까 생각중이라고 했다.

시베리아 삼림.

러시아도 목재산업의 부가가치를 높이려고 70%나 되는 원목 수출의 비중을 줄이는 대신 제재목이나 합판 등 가공품 수출을 늘리려고 애쓰고 있다.

임 사장은 "시베리아는 운송거리가 짧고 운임도 덜 들어 중·장기적으로 한국의 목재 자원 공급처로도 매우 중요한 지역"이라고 강조한다.

그는 "남북 교류가 활성화되면 북한 쪽 건설경기가 살아나고 시베리아 목재가 대량으로 북한에 들어갈 수 있다"며 "그때쯤이면 한국 제재산업이 인건비가 싼 북한에 진출할 수도 있을 것"이라 했다.

13 · 부랴트共 수도 울란우데
러시아 라마교 본산
"티베트聖地 회복 빕니다"

가도 가도 끝없이 펼쳐지는 타이가*침엽수림대* 삼림과 평원.
시베리아는 세속적인 시공간의 잣대를 거부하는 광활한 땅이었다.
하바로프스크에서 부랴트 공화국 수도인 울란우데까지는
열차로 2박 3일, 52시간이 걸린다. 그래도 이는 시베리아의 절반 거리일 뿐이다.
창밖을 보면 열차는 그저 언제나 제 자리를 맴돌고 있는 듯하다.

늘 시간을 다투며 지내온 기자에게 도무지 감이 잡히지 않는 이 땅은 흡사 시간을 빨아삼키는 '블랙홀' 같은 느낌이다. 중국인 못지않은 러시아인의 만만디 기질은 그런 자연 환경의 영향일까.

모처럼의 긴 휴식 끝에 울란우데 역에 내렸다. 분위기가 여느 도시와는 전혀 다르다. 흰 피부의 슬라브계 러시아인보다 훨씬 많아보이는 듯한 황색인들. 그들의 얼굴, 체구, 표정, 웃는 모습은 영락 없는 한국인이어서 취재진은 잠시 한국의 어느 중소 도시에 온 듯한 느낌에 빠졌다.

'붉다' 라는 뜻의 '울란' 과 '우다 강' 을 합친 이름, 울란우데

이곳에서 한국 식당을 경영하고 있는 박성기 씨는 "부랴트 인들은 술과 노래, 말타기를 즐기며 아주 낙천적이다. 아마도 몽골과 부랴트 인들은 체질적으로 지구상에서 한국인과 가장 가까울 것"이라고 단언한다.

울란우데는 '붉다' 라는 뜻을 가진 '울란' 과 '우다 강' 이 합쳐진 지명이다.

울란우데 역사와 역사 앞 철길.

1917년부터 시작되어 5년 남짓 이어진 내전 동안 숱한 빨치산들이 흘린 피가 도시 중앙을 흐르는 '우다 강'을 붉게 물들인 데서 유래되었다.

10세기 이후 몽골의 지배를 받던 이 지역은 17세기 후반 들어 코사크 기병대에 의해 점령됐다. 1899년 시베리아횡단열차가 건설되면서부터 도시개발을 본격화했고 1958년 부랴트 공화국 수도가 됐다.

울란우데의 인구는 40만에 불과하지만 오페라극장과 청년 · 어린이극장 등 4개의 극장에서는 거의 날마다 공연이 이루어진다. 발레 대학과 박물관, 미술 · 역사 · 자연사 · 민속박물관 등 4개가 있다.

340명의 고려인, 다양한 분야 왕성한 활동 두각

부랴트공화국에 사는 고려인은 90여 가구 340명 정도. 이곳 예술계의 거목 문화부 차관을 지낸 김 아나톨리예비치는 사할린 출신 고려인으로 25년간 극장 감독을 맡아 드라마 공연을 해왔다. 우리가 그곳에 도착했을 때 그는 아쉽게도 공연단을 이끌고 해외 출장 공연 중이었다.

의사로서 한인회를 이끌고 있는 리가이 세르게예비치 회장의 말에 의하면, 고려인들은 교사, 엔지니어, 사업가, 예술인, 의사 등 다양한 분야에서 일하고 있다. 사업가 중에는 한국의 TV, 비디오 등 가전제품을 파는 이도 있다고 한다.

최근 이곳에는 한인 문화센터가 개설되어 고려인에게 한국문화와 사업정보를 알려주는 데 주력하고 있다. 러시아화 되어가는 고려인 사이에서는 한국의 전통 문화에 대한 관심이 높아지고 있다고 한다.

울란우데 미술관과 미술관 내에 전시된 작품.

하바로프스크 향토박물관에
전시되어 있는 동물 뼈.

러 개혁 개방 후 불교 관심 상승, 재건되는 사원들

취재진은 남대문시장처럼 북적대는 중앙시장 등을 둘러본 후 울란우데 서쪽 30km거리에 있는 라마교의 총본산인 이볼긴스크 다찬^{사원}을 찾았다.

사원으로 가는 길 주변 드넓은 들판에서는 소들이 한가로이 마른 풀을 뜯고 있었다. 멀리 길게 이어진 산들은 긴 병풍이 도시를 감싸안은 모습이었다.

13세기 칭기즈 칸의 티베트 정벌 이후 전래된 라마불교가 부랴트 지역에까지 퍼진 것은 18세기 초이다. 이후 불교는 제정러시아의 공인을 받았으며 소비에트 정권이 세워질 무렵 이르쿠츠크 지역의 부랴트와 치타에는 46개의 수도원과 150개의 절이 있었다.

그러나 스탈린이 고려인과 유대인 등의 소수민족 탄압정책을 편 1937년, 겨우 2개의 수도원만 남겨진 채 모든 것이 파괴되고 라마승 수천 명이 수용소로 보내졌다. 다만 제2차 세계대전 때 종교계의 협력을 높이 평가한 스탈린은 후일 이곳 이볼긴스크 사원 등 몇 군데의 재건을 허용했다. 옛 소련의 개혁-개방의 바

중앙시장 입구.

라마교 총본산인 이블긴스크 다찬사원 가는 길.

람이 불어닥친 최근 20여 년간 불교에 대한 관심이 높아지면서 부랴트에만 40여 개 사원이 새로 세워지거나 재건됐다.

울란우데 동쪽으로 30km 거리에 있는 아차가트는 불교사상가이자 개혁가요, 13대 달라이 라마의 스승이었던 아그반 도르지예프의 출신지다. 현재의 14대 달라이 라마는 이볼긴스크 사원에 여러 차례 방문한 바 있다고 한다.

'라마'는 티베트 말로 '뛰어난 사람', 즉 덕이 높은 스님을 일컫는 경칭. 라마 중에서도 특별한 고승을 '활불活佛'이라 한다. '달라이 라마'는 활불의 으뜸이다. 티베트 불교 신앙자들은 "달라이 라마는 관음보살의 화신이며 그 육체는 죽더라도 영혼은 다른 사람의 모습으로 현세에 나타난다"고 여긴다.

이볼긴스크 사원 대웅전은 불상이 있는 여느 사원과 다를 바 없었다. 불상 앞쪽에는 현 14대 달라이 라마 사진이 큰 액자에 담겨 놓여 있었다. 실내에는 러시아 정교회 사원에서처럼 예물과 기념품을 파는 가게가 있었고, 안에서 사진을 찍으려면 100루블약 4000원을 내야 했다. 사진 촬영은 3장까지만 허용됐다.

라마사원 안에 있는 기념품 가게.
현 14대 달라이 라마 사진이 진열되어 있다.

이 절에는 라마 30명과 학승學僧 130명이 머무르고 있다. 미국 등지에서 순회 전시되어 온 티베트의 라마교 경전 수만 권이 이곳에 보관돼 왔다. 달라이 라마가 1959년 인도로 망명할 때 가지고 나온 경전들이다.

주지 귀르겐 라마는 "최근 50여 년간 침체됐던 라마교 신앙이 부흥하고 있다"면서 "부랴트의 공식 신도 수는 20만 명"이라고 했다. 러시아 라마교를 총괄하는 라마도 이 절에 종종 머문다고 한다.

그의 안내로 승려학교 강당에서 학승들이 교리토론하는 모습을 볼 수 있었다. 학생들은 2명씩 서로 마주 보며 자유롭게 논쟁을 벌이고 있었다. 학승을 지도하는 라마승에게 질문을 던졌다.

이불긴스크 사원 강당에서 토론 중인 학승들.

라마사원.

이볼긴스크 사원과 주지, 귀겐 라마.

"무엇을 토론하는가?"

"교리를 중심으로 몇 가지 주제를 정해 궁금한 것을 묻고 답한다. 서로의 논리와 주장을 따지고 반박하다 보면 아는 것과 모르는 것이 보다 분명해지기 때문이다. 배우는 수준에 따라 세 그룹으로 나누어 한다".

"학생의 연령은?"

"고교 과정인데, 10세부터 30세까지 다양하다."

"무엇을 가르치고 배우나?"

"부처의 말씀, 세상을 뚫어보는 지혜를 논한 반야바라밀경般若波羅蜜經과 계율, '프라마나'로 일컬어지는 논리학 등을 공부한다."

"학승들의 진로는 어찌 되나?"

"사원에서 계속 구도에 정진하거나 인도와 티베트 등지로 유학하며 5년의 수행 과정을 마치면 대개 라마가 된다."

"현재 망명 중인 승왕 달라이 라마가 티베트로 돌아갈 수 있다고 보는가?"

"신앙은 무력으로 짓밟을 수 없다. 소비에트 시절에도 라마교가 죽지 않았듯이 중국의 종교 탄압을 이겨낼 것이다."

"현재 인도, 네팔, 부탄 등지에는 티베트 망명 사원이 수백 개나 있다"고 말하는 귀겐 라마, 그 자신도 인도에서 한동안 수행을 하고 왔다고 한다.

망명 사원과 라마교 신도를 발판으로 한 티베트 망명 정부는 40여 년 타향살이 속에서도 꿋꿋이 맥을 지키고 있다. 지금도 이들 러시아의 라마교 신도는 성지 회복과 달라이 라마의 금의환향을 기원하며 예불을 올리고 있을 것이다.

서낭나무 뒤덮은 '형겊 꽃'
지나는 길손들 머리 숙여 기원

치렁치렁 술이 늘어뜨려져 있는 옷. 그 위에 매달린 고리나 짐승 모양 등
갖가지 장식들. 방울 · 요령 · 북 · 북채 같은 무구巫具…
하바로프스크에서부터 울란우데 등 시베리아 주요 도시 민속박물관에는
어디든 이런 샤먼의 유물이 전시돼 있었다.
원주민들 사이에 샤머니즘이 성했음을 보여주는 흔적이다.

부랴트 민족이 살아온 바이칼 호 주변은 시베리아 샤머니즘을 직접 살펴볼 수
있는 대표적인 곳이다.

그러나 오늘날 시베리아에는 마을의 사제司祭이자 병을 고치고 점을 쳐주는 살
아 있는 샤먼의 모습은 찾아보기 어렵다. 그저 박제된 표본처럼 박물관에 옛 자
취만 남아 있을 뿐이다.

'몽골족 후예 부랴트' 자부심 대단

뷰랴트 인은 오늘날 부랴트 자치공화국과 이르쿠츠크에서 북쪽으로 80여km
떨어진 자치구 등지에 모여 산다. 전체 인구 40만 명에 불과하지만 부랴트 인은
세계를 제패한 몽골제국의 후예라는 긍지와 자부심을 갖고 있다.

바이칼 호 동남쪽을 살피러 가던 날 통역 겸 안내를 맡은 올가 양은 앙가라 강
최상류에 있는 '샤먼 바위'에 얽힌, 시베리아 샤먼의 운명을 암시하는 듯한 전설
을 들려주었다.

아버지 바이칼에게는 아들 336명과 아름다운 외동딸 앙가라가 있었다. 바이칼 호수에는 336개의 강이 흘러들고 호수에서 바깥으로 흘러나가는 강은 앙가라 강 하나뿐이다. 전설에서는 바이칼 호수와 강 이름이 의인화돼 있다.

바이칼은 앙가라를 이르쿠트(이르쿠츠크로 흘러드는 강 이름)라는 청년에게 시집보내려고 했다. 그러나 이미 예니세이(앙가라 강과 만나는 강 이름)라는 청년을 사랑하고 있던 앙가라는 어느 날 아버지가 잠든 새 몰래 집을 빠져나왔다.

잠에서 깨어난 바이칼은 멀리 도망가는 딸을 보고 큰 바위를 내던졌다. 앙가라는 목을 얻어맞아 숨져갔다.

그녀는 사랑했던 예니세이를 그리며 뜨거운 눈물을 흘렸다. 그 눈물이 바로 앙가라 강이 되어 365일 예니세이를 향해 흐른다.

바이칼 호를 뿌리로 해서 이르쿠츠크로 흘러가는 앙가라 강, 이와 만나는 예니세이 강을 둘러싼 전설이다. 딸 앙가라가 사랑한 예니세이는 어쩌면 바이칼을 다스리는 용신龍神, 또는 그를 모시는 샤먼이 싫어해 마지 않았을 외래문명이나 외래종교의 상징처럼 여겨진다. 용신이나 샤먼의 뜻을 거부하고 떠나려는 딸의 얘기는 새로운 시대조류와 문물 때문에 도전받는 샤먼의 운명을 일찍부터 내다보기라도 한 것 같다.

이런 샤먼의 운명을 떠올리게 하는 현대적인 이야기는 한국에도 있다. 자신의 품을 떠나 '예수 귀신이 붙어 온' 아들을 칼로 찌르고 마는 무당 모화의 얘기다.(김동리의 단편 〈무녀도〉, 후일 〈을화〉라는 장편으로 개작되었음.)

옛 부랴트 원주민은 시신을 통나무 위에 올려놓고 풍장을 지내기도 했다. 겨울이 긴 데다 딱딱하게 언 땅에 매장할 수 없었기 때문이다.

산처럼 쌓여있는 '신목'들.
성황 신앙은 미신을 억압했던 공산주의 시절에도 사라지지 않고 민간 신앙 깊숙이 전해지고 있다.

작품 속에서 주인공 모화는 죽은 이의 혼을 건지려고 굿을 한다. 굿을 하던 중 넋대를 든 채 물속으로 하염없이 걸어가다 그예 잠기고 만다. 기독교에 맞서 자기 것을 지키려던 한 무당의 비극적인 종말이었다.

옛 부랴트 인들은 샤먼 바위에 범죄 용의자를 실어다 놓은 뒤 다음 날까지 살아 있으면 '신의 뜻'에 따라 그를 풀어줬다고 한다. 오래 전 제정일치 시대부터 샤먼이 제사를 행해 온 이 성스러운 땅聖所은 이제 꼭대기만 남긴 채 물에 잠겨 있다. 앙가라 강 상류에 댐이 건설되면서 호수 수위가 20m쯤 높아졌기 때문이다.

바이칼 호 주변 곳곳서 민속 형태로 전래

오늘날 부랴트 샤먼은 거의 사라졌지만 그 원형인 '서낭 신앙'은 여전히 남아 있다. 취재진은 바이칼 호 주변과 울란우데 부근 여러 곳에서 서낭당성황당,城隍堂을 볼 수 있었다. 한국에서와 똑같은 모습을 한 서낭 신앙이 시베리아 한복판 바이칼 호 주변에도 있다는 사실은 경이로운 느낌을 준다. 수만리 떨어진 한반도와 바이칼 호 주변 주민들의 종교적 역사시대 이전 조상이 같았음을 뜻하는 게 아닐까.

울란우데 시내를 벗어난 지 30분쯤 지났을까. 취재진을 태운 승합차가 고갯길에서 잠시 멈추었다. 운전사 니콜라이 표트르비치와 통역을 해주는 올가 양이 차에서 무언가 꺼내 들더니 언덕 위로 올라간다. 언덕 위에는 서낭나무 가지가지마다 주렁주렁 매달린 천이 꽃처럼 바람에 나부끼고 있었다.

"아, 이건 낯익은 풍경인데."

흥미를 느낀 기자가 따라 올라가자 올가 양이 손에 든 헝겊을 내밀며 소원을 빌어보라고 한다. 나뭇가지에 천을 매단 뒤 기자는 하늘에, 그리고 울란우데와 바이칼의 수호신에게도 시베리아의 취재여행이 잘 마무리되게 도와달라고 기원했다.

운전수와 올가 양에게 무엇을 빌었느냐고 물어봐도 이들은 선뜻 대답하지 않는다. 남에게 얘기해주면 소원이 이뤄지지 않기 때문이란다.

한국에서처럼 마을 어귀 등에 세워졌던 시베리아 솟대와 무당 집에서 나왔다는 목각 인형. 솟대는 하바로프스크 등 극동지역과 동부 시베리아에서 흔했다고 한다.

신목과 무구를 갖춘
샤먼의 집.

"여행의 안전이나 개인적인 소원을 비는 게 보통이다. 결혼식을 올린 젊은 부부는 반드시 이런 곳에 들러 행복을 기원한다."

올가 양은 러시아 인도 뷰랴트 인들처럼 바이칼의 성소에 헝겊을 매달며 술이나 음식을 바치기도 한다고 했다.

민간 속에 파고 든 질긴 생명력

고갯길을 넘나드는 수백, 수천 사람들의 소원을 안고 서 있는 서낭나무와 나부끼는 헝겊들. 그 위에 무녀의 춤추는 모습이 어른거린다. 헝겊을 매단 '거룩한 나무신목, 神木'는 이르쿠츠크에서 리스트 뱐카로 들어가는 길목 등 바이칼 호 주변 몇 군데서 눈에 띄었다.

샤먼이 사라진 서낭 신앙. 불교와 기독교 등 외래 종교의 거센 도전과 정부의 거센 탄압 속에서도 시베리아 샤머니즘은 민간 신앙의 모습으로 죽지 않고 살아있었다.

부랴트 인의 경우 몽골과 가까운 바이칼 호 동쪽에서는 몽골 인처럼 라마불교를 믿는 이가 많다. 이에 비해 서쪽에는 러시아 정교회 신앙자가 많다. 17세기 말부터 18세기 사이, 이 지역 러시아 정교회의 적극적인 포교활동으로 뷰랴트 인 10만여 명이 기독교로 개종했다고 한다.

15 · 바이칼 호
태고의 신비 머금은 무공해 청정호수

'시베리아의 진주'로 불리는 바이칼. 바다나 다름없는 거대한 호수 주변을
취재진은 세 차례에 걸쳐 주마간산으로 살펴보았다.
울란우데로부터 차를 몰아 보야르스크 등 동남쪽 두 마을에서,
이르쿠츠크에 여장을 푼 뒤 바이칼 호 서쪽 리스트뱐카 주변에서,
호숫가로 달리는 울란우데와 이르쿠츠크 사이 시베리아횡단열차 안에서였다.

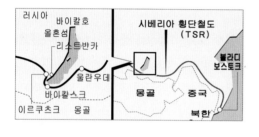

바이칼은 타타르어로 '풍요로
운 호수'를 뜻한다고 한다. 이름
처럼 넉넉하면서도 범접할 수 없
는 신비를 간직하고 있다.

전문가들은 이 호수의 나이를
약 2000만 년쯤으로 진단한다.

면적은 남한 땅의 3분의 1인 3만 1500km². 길이 640km에 너비 24~79km, 전
체 둘레는 2000km나 된다. 전세계 담수의 20%를 담고 있고, 가장 깊은 곳은
수심이 1742m에 이른다. 물 밑 40m까지 들여다 보일 만큼 맑고 깨끗하다.

남한 땅 3분의 1 면적, 거울처럼 맑은 호수

울란우데에서 바이칼 호까지 가는 길에는 이틀 전부터 내린 눈이 10여cm나
쌓여 있었다. 체인도 없이 셀렝가 강을 따라 눈길을 달린 승합차는 4시간만에

바이칼 휴양지 숙박시설.

바이칼 동남쪽 쿨투슈나야의 작은 마을에 닿았다. 눈속에 발을 빠져가며 좁은
언덕길을 허겁지겁 내려가니 갑자기 시야가 탁 트인다. 동해보다 짙푸른 '바다'
가 눈앞에 펼쳐진다.

아, 이 장대함이여…호연함이여.

파도는 줄지어 밀려와 부서지고, 멀리 건너편 바이칼 산맥 위에는 하얗게 덮
인 만년설이 햇빛에 반짝인다. 바다처럼 비릿한 내음이 없다. 일렁이는 물결에
손을 살짝 적셔본다. 온몸이 시리다. "여름에도 표면의 수온이 15도를 밑돌아 수
영을 즐길 엄두 같은 건 낼 수도 없다"고 올가 양은 말한다. 그저 보는 것만으로
도 까마득한 옛날, 태초의 공간을 찾아온 듯 마음이 편안해지고 세속에 찌든 때
가 말끔히 씻기는 것 같다.

저 멀리 어디쯤일까. 눈 덮인 산간의 오두막집, 사모하는 임 최석을 찾아 눈썰매를 달리던 여인 남정임의 모습이 떠오른다. 장편소설 〈유정有情〉의 주인공들이다. 춘원 이광수가 시베리아의 바이칼을 무대로 애절한 사랑을 그린 것은 이런 순진무구한 원색의 자연 때문이 아니었을까.

180미터 길이의 용상어 등 진귀 동식물 2천5백여 종

저만치서 어민 몇이 배를 뭍으로 끌어올리고 있다. 다가가 보니 배 안에는 청어처럼 생긴 오물 30여 마리가 퍼덕인다. 이곳 사람들은 바이칼의 특산물인 이 오물을 곳곳에서 훈제해 팔고 있었다.

며칠 뒤 이르쿠츠크에서 리스트뱐카를 거쳐 찾아간 서남쪽 바이칼은 다소 번화한 느낌을 주었다. 인가도 많고 선착장엔 배가 여러 척 묶여 있지만 서울 근교 남한강이나 청평호 주변처럼 요란스런 호텔이나 식당, 수상스키 같은 위락시설은 눈에 띄지 않는다. 찻길이 끊기는 곳, 전망 좋은 산자락 여기저기에 신축 중인 듯 골조만 올라간 벽돌 건물이 몇 채 서 있을 뿐이다.

바이칼 호에서 잡히는 물고기들.
주민들은 이를 절이거나 훈제해서 판다.

리스트뱐카의 호소박물관에서는 바이칼에 사는 갖가지 동·식물을 볼 수 있었다. 호수에는 2500여 종의 동·식물이 사는 데 그 중 3분의 2 정도가 다른 곳에서는 볼 수 없는 진귀한 종이라고 한다. 기름 성분이 40%나 되는 투명한 물고기가 있는가 하면 북극해의 물개와 닮은 물개 20만 마리가 서식한다. 담수에 물개가 어떤 경로로 들어와 살게 됐는지는 생물학자들에게 흥미있는 연구거리다. 바이칼 호수에 사는 물고기 중 가장 큰 종류로 꼽히는 용상어 중에는 길이 180cm에 무게가 120kg이나 되는 것도 있다.

박물관 관계자는 "바이칼이 다른 호수에 비해 유달리 생물 종류가 많은 건 먹이가 많고 물이 오염되지 않았기 때문"이라고 자랑했다.

바이칼 생수 패트병은 러시아에 진출한 한국 회사 제품

최근 10여 년 간 매해 조사한 바에 의하면 생물 종수에 변동이 없다. 이는 바이칼의 자기 정화능력이 뛰어난 때문이란다.

바이칼은 주변이 거의 산악지대여서 호수로 흘러드는 336개의 강물 자체가 깨끗하다. 호수에 사는 보카플라프 같은 갑각류 등 30여 종은 죽은 물고기나 해로운 박테리아만 먹어치워 청소부 역할을 톡톡히 해낸다.

바이칼은 수심이 워낙 깊어 200m 이하는 거의 온도의 변화가 없고 미생물도 없다. 호수의 물은 400~450m 깊이에서 가장 깨끗하다고 한다. 시중에 팔리는 바이칼 생수는 이 깊이까지 파이프를 세워 뽑아올린다는데 이를 담는 페트병은 러시아에 진출한 우리 기업 (주)고합의 제품이었다.

6월부터 10월까지 바이칼 호 북쪽으로 뱃길이 열려 있고, 호수가 꽁꽁 얼어붙는 1월부터 3월까지는 두께 1m가 넘는 얼음판 위로 자동차길이 생겨 동서남북을 이어준다.

바이칼에 있는 20여 개의 섬 중 약 730km²로 수심이 가장 깊은 알흔 섬에는 칭기즈 칸이 묻혀있다는 전설이 전해진다. 몇 차례 전문가들의 탐사는 있었지만 아직까지 확인된 유적은 없다. 울란우데~이르쿠츠크 간 열차 안에서 바이칼을 바라보는 것은 장거리 여행 중 또하나의 즐거움이었다. 물안개 솟는 호수에는 얼음 조각이 떠다니고 있었다. 10여m 앞까지 가까워지는가 하면 멀어지고 자작나무 숲에 가려졌다가 다시 나타나는 바이칼의 자태는 5시간 가량 이어졌다.

바이칼의 여신에게 홀렸는가. 기자는 길고 긴 시베리아 횡단 여정 내내 눈이 시리도록 짙푸르렀던 바이칼 호의 모습을 잊을 수가 없었다.

쿨투슈나이 마을에서 바라본 바이칼 호.

16 · 이르쿠츠크

청년 장교 부인들
귀족신분 내던진 '사랑의 쿠데타'

울란우데에서 바이칼 호 남단을 돌아 이르쿠츠크에 이르는 철길의 길이는
456km이다. 필자는 이곳에 내리기 전부터 이르쿠츠크는 아름다운 도시일 거라는
막연한 선입견을 갖고 있었다.
바이칼 호에 인접한 데다 '시베리아의 파리'로 알려진 곳이었기 때문이다.

이르쿠츠크의 인구는 약 60만 명. 1652년 코사크 기병대가 이 지역을 점령한
뒤 모피의 집산지로 개발했다. 몽골, 중국과 가까운 교통의 요지였던 만큼 이곳
에는 1803년부터 시베리아 총독부가, 1822년부터는 동시베리아 총독부가 자리
잡았다.

시베리아의 수도, 곳곳에 유서 깊은 건물

당시 이곳 총독이 극동은 물론 알래스카까지 관할했음을 볼 때 시베리아의 수
도로서 이 도시의 위상이 매우 높았음을 알 수 있다.

과연 도시는 작지만 번화하고 생동감이 넘쳤다. 도심을 관통하는 칼 마르크스
거리에는, 지금은 이르쿠츠크대학 도서관으로 쓰이고 있는 옛 동시베리아 총독
의 백악관1804년 건축과 민속박물관, 웅장한 대리석으로 지은 옛 철도청 건물 등 아
름다운 유럽풍 건물이 줄지어 서 있었다. 이밖에도 300년 역사를 지닌 스파스카
야 교회1706년와 폴란드 유형수들이 세운 폴스카야 교회1881년처럼 곳곳에 유서깊

120   이르쿠츠크

은 건물이 적지 않았다.

그러나 '파리'라는 별칭은 그러한 겉모습 때문만은 아니었다. 실제로 이 도시의 정신적 뿌리가 프랑스 파리라는 사실을 필자는 '데카브리스트기념관'에서 확인할 수 있었다. 그리고 아아, 아름다운 이 도시는 유형수의 피눈물이 고인 땅이이기도 하며, 시베리아 개척의 숨은 주역은 바로 수많은 죄수들이었다는 사실에도 눈 뜰 수 있었다.

전제 왕권에 반기 든 청년장교들

데카브리스트, 곧 12월을 뜻하는 '데카브리' 당원黨員들은 제정러시아 황제에게 반기를 들고 '군사쿠데타'를 일으킨 귀족 청년장교들이다. 이들은 한 세기가 지난 사회주의 시절, 인민을 위한 혁명의 선구자로 뒤늦게 추앙받았지만 이르쿠츠크 등지의 유형지에서 온갖 고초를 겪으며 노역에 시달리는 한편 새로운 문

동시베리아 교통의 중심인 이르쿠츠크 역 건물.
이 도시는 1866년 시베리아횡단철도가 깔리기 훨씬 전부터 시베리아의 수도로 동방개척의 전초기지가 되어 왔다.

화 · 사상의 전파자로 남다른 기여를 했다.

나폴레옹 전쟁 때 퇴각하는 프랑스군을 쫓아 원정에 나섰던 러시아군 청년장교들은 서유럽의 새로운 사조와 문물을 보고 충격을 받았다. 그곳에선 이미 전제군주제가 몰락하고 의회민주주의가 퍼져가고 있었으며 농민들은 더 이상 노예 같은 비참한 모습이 아니었다.

그러한 충격은 루소의 '민약론'과 몽테스키외의 '법의 정신' 등 계몽사조가 서유럽을 풍미하던 때 새로운 조류를 접한 러시아 젊은이들, 정의감에 불타던 장교들의 주먹을 불끈 쥐게 했다. 러시아는 새로워져야 한다는 각성이었다.

그들은 황실 근위대나 귀족의 영예보다 차라리 프랑스 대혁명처럼 절대 왕권을 무너뜨리는 체제개혁을 열망했다. 그리하여 그들은 1816년부터 농노제 폐지와 입헌정치 실현을 목표로 구제동맹救濟同盟을 결성하고 이어 복지동맹福祉同盟 등의 지하조직을 만들어 혁명의 기운을 키워갔다.

쿠데타 가담한 106명, 20kg짜리 족쇄 찬 채 죽음의 땅으로

1825년 11월 황제 알렉산드르 1세가 죽은 뒤 제위 계승 문제로 정계가 혼란해지자 이들은 마침내 무장봉기를 시도했다. 입헌군주제를 주장하는 북방 결사파가 이끄는 수 개 연대는 12월 14일 상트페테르부르크의 원로원 광장에서 새 황제 니콜라이 1세에 대한 선서를 거부하고 거사에 나섰다. 그러나 이들은 곧 황실 군대에 진압된다.

공화제를 목표로 삼은 남방 결사의 지도자 페스텔 등은 사전에 체포됐고 그해 말, 보다 혁명적인 노선을 추구하던 통일 슬라브파의 반란도 실패로 끝났다. 주모자인 파벨 페스텔, 세르게이 무라비요프 등 5명이 처형되고 혁명에 가담한 장교 106명은 시베리아로 유배됐다.

이들은 20kg이나 되는 족쇄를 차고 1826년 1월 영하 40도의 추위 속에 먼 길을 떠났다. 출세의 길이 열려 있던 명문가 귀족의 후예인 젊은 그들이, 이제 일요일 예배 때와 일주일에 한 번 목욕할 때를 제외하고는 종일 쇠사슬을 차고 혹독한 노동에 시달려야 하는 중죄인 신세로 전락한 것이다.

치타 이르쿠츠크와 네르친스크 등지의 광산과 벌목장에서 수십 년간 중노동에 생애를 바쳐야 했던 이들 데카브리스트는 대부분 20대의 젊은 장교들이었고, 그 중 기혼자는 18명이었다.

황실은 장교의 부인들에게는 양자택일을 명령했다. 반역 범죄자와 이혼한 뒤 재가해 귀족의 신분으로 계속 살아가든지, 아니면 모든 특권을 버리고 시베리아로 함께 가라는 것이었다.

귀족신분 포기한 젊은 부인들, 남편 뒷바라지 위해 1만3천리

놀랍게도 데카브리스트의 부인 11명이 시베리아행을 택했다. 이들은 마차와 썰매로 40여일 동안 북풍한설의 얼음길을 뒤쫓았다.

귀족으로 편하게 살 수 있는 길을 마다하고 남편을 따라 1만3천리 머나먼 '죽음의 땅'을 찾아간 것이다. 철도가 없던 시절, 가마를 타고 가기는 했지만 길은 너무 멀었다. 살을 에는 혹한에 시달리다 도중에 숨진 여성도 있었다.

시베리아에 가장 먼저 도착한 사람은 공작부인 예카테리나 트루베츠카야였다. 그녀는 이르쿠츠크에 도착했으나 남편을 만나지 못한 채 여섯달을 더 기다려야 했다. 남편은 오지 중의 오지인 네르친스크에 머물고 있었고 총독은 그녀에게 황제의 교시가 올 때까지 기다릴 것을 요구했던 것이다.

뒤늦게 도착한 황제의 교시에는 대략 다음과 같은 단서가 붙어 있었다.

첫째, 트루베츠카야는 귀족이었지만 이제부터는 특별법의 보호나 신상의 위험에 대한 보호를 받을 수 없다.

둘째, 유배 중 아기를 낳으면 2세에게도 부모와 같은 평민의 신분이 주어지며, 그 지역 농부와 같이 취급돼야 한다.

셋째, 시베리아에는 아무런 재산도 가져 갈 수 없다.

넷째, 이르쿠츠크를 지나 동쪽으로 가려는 자는 노예와 하녀들을 그대로 두고

데카브리스트 박물관 전경(위)과 제르진스코고 거리에 있는 데카브리스트기념관 내부(아래).
황실 근위대 장교로 반란에 가담했다가 유형살이를 한 트루베츠고이가 살던 집이다.

가야 한다.

다섯째, 일단 이르쿠츠크를 떠나면 황제의 허가 없이는 돌아올 수 없다.

이제부터는 귀족의 지위나 권리도, 신변 보호조차 받을 수 없다는 가혹한 조건이었다.

트루베츠카야는 이러한 조건이 담긴 허가서에 서명한 뒤 네르친스크를 찾아가 드디어 남편을 면회한다.

찾아오기엔 너무나도 머나먼 길, 사람 사는 세상과 격리된 시베리아의 오지에 설마 사랑하는 아내가 찾아올 줄을 상상이나 했으랴.

두 사람은 감격의 포옹을 했다. 귀족의 지위와 영화도 정의를 위해서는, 아니 사랑을 위해서는 중요한 게 아니었다. 시베리아의 추위도 쇠사슬에 묶인 유형생활의 참담함도 그들의 사랑을 가로막을 수 없었다.

또 다른 공작부인 마리아 볼콘스카야는 어린 아이를 친정에 맡기고 시베리아로 향했다. "아이에겐 엄마가 있어야 한다"며 한사코 만류하는 친정 식구들에게 그녀는 말했다.

"아이는 내가 없어도 여러분의 보살핌 속에 귀족사회에서 행복하게 자랄 수 있어요. 하지만 남편은 그렇지 못하잖아요" 남편의 옥바라지를 위해 모든 것을 버리고 떠난 것이다.

그녀는 광산의 컴컴한 갱도에서 남편을 만났을 때 그의 발목에 채워진 쇠사슬 앞에 꿇어엎드려 먼저 입을 맞추었다고 한다.

마리아의 남편 세르게이 볼콘스키1786~1856는 프랑스와의 전쟁에 참가한 용맹스런 군인이었다. 20살 연하의 아내 마리아가 첫아들을 낳자마자 반란 주모자의 한 사람으로 유형지로 가야 했다. 그는 유배생활 27년 후 67살에 사면돼 모스크바로 귀환했다.

톨스토이가 1812년의 러시아 · 프랑스 간 전쟁과 데카브리스트의 활동상을 탐구하다가 집필한 〈전쟁과 평화〉의 주인공 안드레이 볼콘스키는 바로 그의 숙부인 세르게이 볼콘스키를 모델로 한 것으로 전해지고 있다.

볼콘스키 공작 부인
마리아 볼콘스카야가
아기를 안고 있는 모습.
왼쪽은
이들의 이야기를 담아
출간한 책.

질병과 혹한, 이별의 고통에 숨져간 사람들

유형지에서 죄수 아내들의 삶은 어땠을까. 그녀들은 팔을 걷어붙이고 직접 밭일을 하고 빨래와 청소, 설거지를 했다. 뜨개질로 생계에 도움을 얻기도 했다. 더러는 멀리서 어머니가 부쳐주는 돈으로 집을 장만하고 수시로 남편을 면회하며 보살폈다.

6~7개월 이어지는 혹한 속에 질병으로 죽어간 여성들이 있었다. 부인을 잃은 아픔과 그리움을 견디지 못하고 아내의 기일忌日에 그 뒤를 따른 데카브리스트도 있었다.

유형 생활 7~9년이 지나면서 데카브리스트들은 이르쿠츠크나 인근 시골에서 가족과 함께 지낼 수 있도록 허락 받는다. 러시아 사회의 엘리트로서 교양과 학식을 지녔던 이들은 집에서 토론회를 열거나 시낭송회와 음악회를 열곤 했다. 당시로선 변방의 오지일 뿐이었던 시베리아 이르쿠츠크 지역의 지적 토양을 가꾸는 데도 일조하게 된 것이다.

러시아의 국민 시인 푸시킨은 데카브리스트와 부인들의 목숨을 건 감동적인 사랑에 헌시를 지었다.

젊은 데카브리스트의 사랑

시베리아 깊은 광맥 속에
그대들의 드높은
자존심의 인내를 보존하소서
그대들의 비통한 노력과
높은 정신의 지향은
사라지지 않으리니.

불행의 신실한 누이,
희망은 암흑의 지하 속에서
용기와 기쁨을 일깨우리니
그 날은 오리니

사랑과 우정이
그대들에게 닿으리니
깜깜하게 닫힌 곳 빗장을 열고
지금 그대들의 감방
그 굴 속으로
나의 자유의 소리가 다다르듯이.

무거운 사슬이 풀어지고
암흑의 방은 허물어지고 – 자유는
기쁨으로 그대들을 마중나오리니
그리고 형제들은 그대들에게 검을 건네리니.

데카브리스트들의 초상이 걸려 있는 데카브리스트 박물관 내부.
유형지에서 사용하던 연장과 발목에 차는 쇠고랑 등이 전시되어 있다.

신혼부부들 수도원 방문, 사랑과 헌신 다짐

볼콘스키 등의 데카브리스트가 살았던 집들은 오늘날 새로 단장돼 고난의 옛 자취를 증언하고 있다.

제르진스코고 거리 한 켠에 있는 데카브리스트기념관은 수수한 목조건물로 황실 근위대 장교였던 트루베츠코이*1790~1860*가 1856년까지 유배생활하며 지낸 집이다. 그는 1826년부터 시작된 30년 유형기간의 절반을 이르쿠츠크에서 보냈고, 그의 아내 에카테리나 트루베츠카야는 1854년 이곳에서 숨진 뒤 우샤코프카 지역 즈나멘스키 수도원에 묻혔다.

이곳 수도원 묘지에는 관광객 외에도 신혼부부들이 주말이면 찾아 꽃다발을 놓고 간다고 한다. 데카브리스트와 그 아내들처럼 뜨거운 사랑과 고결한 헌신을 다짐하면서.

데카브리스트의 사회적 정의감도 숭고하지만 그 여인들의 사랑은 얼마나 고결한가.

낡은 기념관, 그 안에 걸린 그림과 지도와 서신, 그들이 쓰던 식탁과 곡괭이와 쇠사슬, 일견 볼품없는 물건들은 사치와 동떨어진 유형생활의 흔적이다. 하지만 이런 유품과 청초한 삶이야말로 기자의 가슴을 뜨겁게 했다.

위풍당당한 저 큰 총독부 건물이나 그 건너편 예르마크 같은 시베리아 정복자의 얼굴을 담은 기념탑 오벨리스크보다 훨씬 향기롭고 감동적인 현장이었다.

활기찬 옴스크의 루빈스:
농산물 집산지이자 한동안 시베리아 개척의 거점이기도 했던 이 도
옛 영화를 보여주는 아름다운 건물

4
자본주의 실험 결실, 서시베리아

개방 몸살 털고 일어서는 과학기술 두뇌 집산지

서시베리아로 갈수록 도시는 연륜을 더해간다.
건물도 풍물도 전통의 체취가 물씬 풍긴다.
지역 개방이 일찍 이루어진 때문일까.
변화의 속도 역시 동쪽보다는 서쪽이 훨씬 빨라보인다.
동서 시베리아의 경계인 크라스노야르스크의 하늘에는
스모그를 이룬 넓은 띠가 내려앉아 있다.
농산물 집산지이자 시베리아의 곡창인 옴스크는
자본주의 실험이 널리 번져가고 있다.
옛 소련의 과학두뇌들이 몰려 있던 아카뎀고로도크 등
개방의 혼란과 진통을 딛고 안정을 찾아가고 있었다.

17 · 크라스노야르스크
체호프가 머문 '아름다운 언덕'
거대 중화학 도시로

이르쿠츠크에서 크라스노야르스크까지는 열차로 꼬박 열여섯 시간이 걸렸다.
취재 여행을 시작한 지 20일, 출발지인 블라디보스토크에서 이곳까지
5180여km에 이르는 거리와
약 5000km 남은 최종 목적지인 상트페테르부르크까지의 거리가 비슷하니,
시베리아횡단 여정의 절반에 이르른 셈이다.

크라스노야르스크는 동서 시베리아의 경계이자 러시아 땅 전체로 보아도 동
서의 중심에 있는 도시다. 시베리아의 대표적 공업도시로, 1628년 코사크 기병
대의 '크라스니야르' 요새에서 비롯됐다.

크라스니야르는 '아름다운 언덕' 이라는 뜻의 옛 러시아 말이다. 너비 2km정
도의 예니세이 강이 도심을 관통하는데 산과 숲이 어우러져 여느 도시와는 또다
른 아름다운 풍광을 자랑한다.

전기료 헐값, 1년 써도 4만 원 밑돌아

1890년 이 지역에 머물던 안톤 체호프는 "볼가 강이 매혹적이며 부드럽고 애
잔한 아름다움을 지녔다면, 예니세이 강은 헤라클레스 같은 젊음과 야성미를 지
녔다"며 "강 언덕에 자리잡은 크라스노야르스크야말로 시베리아에서 가장 아름
답고 멋진 마을"이라고 찬사를 아끼지 않았다. 과연 강변에서 물결을 쳐다보면
유속이 워낙 빨라 바위라도 굴릴 것 같은 힘이 느껴진다. 인접한 디브노고르스

크라스노야르스크 시가지.
멀리 산업지구 위를 스모그가 흰 띠처럼 덮고 있다(위).
크라스노야르스크 도심 예니세이 강
양안을 잇는 다리(오른쪽).

크 마을과 자연공원 스톨비 등지는 높은
산과 계곡이 어울려 여름이면 여행자들
에게 인기를 끌고 있다.

　그러나 체호프가 본 것은 철도가 깔리지 않았던 110여 년 전의 모습이다. 그가
오늘날의 산업화된 이 도시를 다시 본다면 결코 찬탄만 하고 있을 수는 없을 것
이다.

　야산 높은 데서 내려다보니 이 도시 위 하늘에는 스모그가 엷은 띠를 이루고 있
었다. 강 건너 산업지구에는 러시아 최대의 알루미늄 생산 공장과 조선 · 콤바인
제조 공장, 금속 · 목재 · 펄프 · 합성고무 공장 등이 몰려 있어 저마다의 굴뚝에서
는 흰 연기가 몽글몽글 솟아오르고 있었다.

　크라스노야르스크가 시베리아의 대표적인 중화학 공업도시로 발전한 것은 각

10루블짜리 지폐에 인쇄되어 있는 크라스노야르스크 수력발전소.

종 천연자원은 물론 전력이 풍부하기 때문이다.

러시아 최대 규모의 수력발전 시설을 갖춘 이곳의 전기료는 그야말로 '헐값'
이다. 전열기와 가전제품 등을 아무리 많이 사용해도 일반 가정의 1년 전기요금
이 1000루블약 4만 원을 밑돈다고 한다.

러시아 제2의 수력발전소, 충주 수력의 15배 규모

크라스노야르스크 서쪽 35km 지점에 있는 수력발전소는 1969년 착공해 1980
년대 중반에 완공됐다. 여기서 생산하는 전기는 최대출력 600만kW로 우리나라
에서 가장 큰 충주 수력발전소41만kW의 15배 규모다.

10루블짜리 러시아 지폐에도 인쇄돼 있는 이 수력발전소는 예니세이 강에서
처음 세워진 발전소이고 발전 규모로는 러시아에서 두 번째다. 흥미로운 것은
댐이 강물을 가로막고 있는 데도 배가 댐의 위 아래로 오갈 수 있다는 점이다.
댐 가장자리에 설치된 길이 120m짜리 거대한 운반 도크가 물 위에 떠 있는 배를
통째로 싣고 레일을 따라 댐을 오르내리게 되어 있기 때문이다.

댐 부근에서 관광객에게 그림엽서를 팔던 한 노인은 강 건너편 멀리 보이는 큰 구조물을 손가락으로 가리키며, "저것이 화물이나 배를 운반하는 도크로이며 주로 상류의 목재 등 자재를 많이 실어나른다"고 말해주었다. 댐 상류, 자그마치 350km에 걸쳐 물을 저장하고 있으니 언뜻 저수량을 감잡기조차 어렵다. 상류 쪽 사야노 슈센스카야 수력발전소는 러시아 최대 규모를 자랑한다.

몽골 국경 부근 아사야나 산에서 발원해 시베리아를 남북으로 가로질러 북극해로 흘러가는 예니세이 강은 지류를 포함해 길이가 자그마치 4130km에 이른다. 이 강은 예부터 남북을 잇는 중요한 해상수송로 구실을 해왔다. 크라스노야르스크에 일찍부터 목재와 제지산업이 발전한 것도 이 강 덕택이었다. 상류에서 베어낸 목재를 뗏목으로 운반하기가 쉬웠기 때문이다.

여름이면 크라스노야르스크에서 멀리 북극해 두딘카까지 2000km 가까운 강줄기를 따라 뱃길 여행을 즐기는 관광객이 몰린다. 북극해까지 배를 타고 내려가는데 4일, 상류로 거슬러올 때 6일 걸린다.

예니세이 강

갖가지 형상의 기암괴석, 스톨비 자연공원

예니세이 강과 함께 크라스노야르스크의 또 다른 자랑거리는 자연공원 스톨
비이다. 취재진은 수력발전소로 가는 도중 시베리아 삼림과 갖가지 형상의 기암
괴석을 보려고 자연공원을 찾았다.

하늘을 찌를 듯 울창하게 서 있는 전나무들. 눈덮인 숲에는 간간이 산행을 즐
기는 40~50대 몇몇 사람만 보일 뿐 적막하기 이를 데 없었다. 눈 때문에 먹이
가 없어서인지 참새들이 겁도 없이 취재진 가까이 날아들어 종종걸음으로 따라
다닌다.

면적 4만7000ha^{약 141만 평}에 이르는 스톨비 자연공원은 다른 시베리아 지역에
서는 볼 수 없을 정도의 높은 바위가 많아 암벽 등반을 즐기는 이들에게 인기있
는 곳이다. 바위 하나의 높이가 100m가 넘는가 하면 그 형상 때문에 코끼리, 악
마의 손, 사자문, 황금독수리 등의 이름이 붙은 기암괴석이 40곳이나 된다. 수백

만 년, 눈과 비와 바람이 깎고 다듬어낸 자연의 조화이다.

　오를수록 산길은 좁아지고 발은 눈 속에 푹푹 빠져든다. 호젓한 숲길을 1시간쯤 올랐을까. 마침내 코끼리 바위에 이르렀다. 멀리서 보면 영락없는 코끼리 모습이다. 여기서 좀더 올라가보자고 해도 안내인은 눈 때문에 길 잃을 위험이 많다고 완강하게 버틴다. 모처럼 시도한 시베리아의 겨울 산행은 3시간만에 끝나고 말았다.

유형수들이 개척한 東西시베리아 경계… 레닌도 유배될 때 거쳐가

　시베리아의 다른 도시도 그렇지만 크라스노야르스크는 300여 년 동안이나 유형지로 이름을 떨친 곳이었다. 유형수 가운데는 살인 등 중죄를 짓고 온 이도 있었지만 양심수도 많았다.

　최초의 양심수는 17세기 중반 러시아 정교회가 분열하면서 이곳으로 추방된 구교도였다. 이어 1825년 공화제를 꿈꾸며 왕정에 반란을 일으켰다 유배 당한 100여 명의 데카브리스트12월당 중 열 명이 이곳 광산에서 일하다 생을 마쳤다. 1830~1831년 폴란드 봉기 때는 사회주의자 수백 명이 이곳에 끌려와 중노동을 했다. 19세기 말 이곳 주민 네 명 중 한 명23%이 유형자였다니, 초기 이 도시를 개척한 숨은 주역은 유형자라 해도 지나치지 않을 것이다.

　크라스노야르스크 강변 선착장에는 증기선 '성 니콜라이' 호가 박물관을 겸해 전시돼 있다. 1898년 28세의 레닌이 이곳에서 유형지로 떠나면서 탔던 배다.

강변박물관, 성 니콜라이 호.

　마르크스주의자였던 레닌은 혁명운동에 투신하다 체포되었고 아내 크룹스카야와 함께 이 배로 400km쯤 떨어진 예니세이 강 상류 슈센스코에에서 1년간 유형생활을 했다. 배 안에는 도시의 역사가 담긴 그림과 사진, 예전에 쓰이던 전화기, 축음기 등이 진열되어 있다.

18 · 크라스노야르스크-26

지도에도 없던 1급 비밀 지하 군수도시
핵시설물 폐쇄

크라스노야르스크에서 동쪽으로 50km 떨어진 곳,
예니세이 강변 사얀 산맥 산자락에는 크라스노야르스크-26이라는
작은 도시가 있다. 인구 3만여 명의 이곳 주민은
자기네 주거지를 드나드는 데도 신분증을 보여줘야 한다.
러시아의 1급 비밀 군수도시에 살기 때문이다.

미 · 소 냉전이 시작된 1940년대 말부터 은밀히 조성된 이 도시는 출범 이후 50여 년의 역사를 지녔지만 최근까지 지도에도 표시되지 않았을 만큼 베일에 싸인 곳이다. 고르바초프가 개혁과 개방의 기치를 높이 들고도 한참이 지난 1990년대 초까지 바로 옆 크라스노야르스크 주민까지 이곳에 무엇이 있는지 전혀 모를 정도였다.

냉전 종식 후 1992년부터 플루토늄 생산 중단

외부와 차단된 도시, 러시아 연방정부가 직접 통제-관할하는 이런 1급 비밀 군수도시는 전국에 모두 10개가 있었다. 핵기술연구단지가 있는 아르자마스-16과 첼랴빈스크-70, 톰스크-7 등.

1992년 9월 22일은 '핵도시' 크라스노야르스크-26이 거듭나는 날이었다. 핵폭탄의 원료인 플루토늄 239를 생산-재처리해 온 이곳 지하 공장에서 원자로 3기 중 발전용 하나만 남기고 2기의 핵연료봉을 영구 폐쇄하며 '플루토늄 생산

1992년 9월 22일
크라스노야르스크-26의
플루토늄 생산 중단을
선언하는 기념식.

중단식'을 가진 것이다.

　온 세계 앞에 핵무기 생산 중단 의지를 과시한 이날 행사로 인류는 안도의 한숨을 쉬게 됐지만, 이곳 '지하 화학공장'에서 오래 일해 온 사람들에게는 기쁘기보다는 슬픈 날이었다. 그들이 손때를 묻혀 온 일터가 사라졌기 때문이다.

　조화弔花였을까, 축하의 꽃다발이었을까. 핵 연료봉이 영원한 침묵을 고하는 자리에는 장미꽃 한 다발이 놓여 있었고, 세계 각국에서 온 취재진은 이를 카메라에 담기 바빴다.

지상은 인구 3만의 아담한 소도시

빽빽한 자작나무 숲으로 둘러싸인 '크라스노야르스크-26' 주변. 4~10층 정도 높이의 아파트가 늘어서 있는 시내의 겉모습만 본다면, 그저 계획성 있게 잘 조성된 소도시처럼 여겨질 것이다. 그러나 대규모 공장과 지하도시가 땅 속 300여미터 깊이까지 이어져 있는… 핵전쟁에 대비하여 조성된 전천후 군사시설 도시이다. 지하 도로의 길이만 수십km, 수만 명을 수용할 수 있을 만큼 그 규모가 엄청나다고 한다.

크라스노야르스크 주정부 국제부 엘레나 쇼스타크 부부장은 "이곳 공장 시설과 제품의 절반 이상이 이미 평화적인 용도로 바뀌었다"며 "이제는 더 이상 폐쇄된 도시가 아니다"고 강조했다. 그러나 그녀 스스로 "이 도시를 출입하려면 주정부 관계자라도 허가를 받아야 한다"고 말한다.

취재진은 주정부 국제부 외에도 몇몇의 정부 관계자들에게 핵도시 지하공장 취재를 도와달라고 미리 요청해 봤지만 결국 도움을 얻지는 못했다. 절차에 따라 신청을 해도 국방부 등 중앙정부를 거쳐 허가가 나려면 최소한 2~3주는 기다려야 하고 허가가 난다는 보장도 없다는 것이었다. 결국 이곳 사정에 밝은 이들을 통해 취재하는 수밖에 없었다.

현지 언론 관계자에게 소개받은 '주바레바'라는 사람은 일찍이 지하도시 건설에 관계한 친척과 연구원들을 통해 이곳 사정을 비교적 소상히 알고 있었다. "지하도시 안에는 핵발전소와 핵폐기물 저장소가 있고 아직도 한쪽에서는 군수물자를 만들고 있다. 지하 화학공장 일부가 민수용으로 바뀐 뒤로는 TV와 스캐너 등의 가전·전자제품, 우유 보관용 컨테이너와 플라스틱 제품 등이 생산된다"고 그는 말한다.

지하 화학공장 외에 이곳에는 러시아 우주산업을 이끄는 '응용기술센터'가 군사용과 민간용 위성을 만들고 있다. 민간용은 요즘 각국의 주문을 받아 통신·항공·측지·기상·과학위성 등을 용도에 따라 만든다. 첨단 군수시설을 민수용으로도 활용해 외화를 벌고 있는 것이다.

1990년 초까지 베일에 감춰졌던 핵도시 크리스노야르스크-26.
핵발전소와 화학공장, 로켓과 위성을 만드는 응용기술센터 등이 지하 3백미터 깊이까지 자리잡고 있다.

　시내에는 육아시설과 유치원 초·중학교 인공호수 종합운동장 등 갖가지 문화체육 시설이 갖춰져 있다. 크지는 않지만 최근 세워진 '미가엘 천사장 교회'도 있다. 옛 소련 시절 연구원들은 이곳에서 최고의 봉급과 주택, 음식과 각종 생활 필수품까지 제공 받아 생활에 아무런 불편이 없었다. 수십만 권의 희귀 장서를 갖춘 연구 시설에서 오로지 연구에만 몰두할 수 있었다.

핵도시의 주민들.
도시 안에는 유치원과 학교, 교회, 종합운동장 등 각종 생활 편의 시설이 갖추어져 있다

엘리트 과학자들 해외서 스카우트

그러나 연구원들의 위상은 한동안 나락에 떨어졌다. 기껏해야 150달러 수준의 월급. 그것도 몇달씩 체불되는 일이 잦았다. 냉전이 끝나고 핵단지 규모가 축소되자 정부지원이 줄고 일자리도 줄었다. 이 와중에 이란 이라크 등지에서 엘리트 과학자를 스카우트하려고 은밀한 손길을 뻗치면서 외국으로 나간 학자들이 적지 않았다고 한다.

개방의 길로 나섰지만 핵도시들은 아직 환경재앙의 불씨를 안고 있다. 옛 소련 몰락 이후 한동안 모라토리엄국가채무지불유예까지 겪는 경제난으로 거대한 핵단지 시설의 유지 보수가 힘겨워진 탓이다.

국제환경단체들은 러시아 서북부 무르만스크와 부근의 북극해, 예니세이 강 하류에는 핵도시와 원전 등에서 나온 수만 t 의 핵폐기물이 버려져 있다고 지적한다. 이 때문에 예니세이 강 하류쪽에 거주하는 주민들 가운데는 백혈병·유방암 환자와 기형아 출산이 늘어난 것으로 알려져 있다.

공교롭게도 한국의 핵폐기물이 이곳 크라스노야르스크-26의 지하 저장고에 보관될지 모른다는 추측이 한때 나돌기도 했다. 2001년 러시아 정부가 한국의 핵폐기물 반입을 추진하겠다고 밝힌 적이 있기 때문이다.

러시아 원자력부는 한국이나 일본, 스위스 등의 핵폐기물 유치를 꾀하며 관련 법안까지 검토했던 것으로 알려져 있다.

핵폐기물 처리 문제로 고민해 온 한국 등으로선 이렇게 해서라도 폐기장을 확보할 수 있다면 다행일 수 있지만, 이런 구상이 현실화될 가능성은 사실 전혀 없다. 핵폐기물의 해외 이동은 국제적으로도 엄격한 규제를 받는 까닭이다.

한동안 세계를 호령했던 초강대국 러시아가 남의 나라 핵폐기물까지 저장해주겠다고 나설 만큼 돈벌이가 절박했음을 보여주는 사례일 뿐이다.

19 · 노보시비르스크
시베리아 최대 연구단지
아카뎀고로도크

노보시비르스크 역은 다른 어느 도시 역보다 크고 넓었다.
겉모습은 스탈린시대 건물 양식의 전형으로 특색없는 직사각형 모양이지만,
옥색 바탕에 흰색 기둥과 테두리가 어울려
그 나름의 소박한 아름다움을 뽐내고 있었다.

'새로운 시베리아'라는 뜻을 가진 노보시비르스크는 시베리아의 산업과 과학 문화 · 교육 · 행정의 중심지이다. 1893년 시베리아횡단철도가 깔리면서 오브 강을 낀 이 지역 개발이 시작돼 1925년 동서 시베리아를 관할하는 행정수도로 도약했다. 인구는 150만 명. 역사는 짧아도 눈부신 성장을 거듭해 모스크바 상 트페테르부르크에 이어 러시아에서 서너 번째의 큰 도시로 꼽힌다.

세계 최고 수준의 학술연구 단지 자랑

역 바로 맞은편 노보시비르스크 호텔에 여장을 푼 취재진은 곧바로 남쪽 30km 떨어진 학술연구단지 아카뎀고로도크부터 찾았다. 1950년대 후반 흐루쇼프가 시 베리아의 학문 진흥과 자원 탐구를 겨냥해 세운 이곳은 러시아는 물론 세계적으 로도 이름난 연구도시이다.

마침 이곳에서 생물학박사 과정을 공부하는 박해조朴海朝 씨가 두루 안내를 해 주었다.

별장처럼 울창한 숲으로 둘러싸인 교수 숙소와
아카템고로도크의 교수 회관.

연구시설과 교수들의 저택은 온통 숲
으로 둘러싸여 아늑하고 한적한 분위기
였다. 일반 연구원은 대개 5층짜리 아파
트에서 생활하며 주민 4만 명 가운데 3
만 명이 연구원이란다.

단지 안에는 백화점과 극장 같은 편의
시설이 갖춰져 있고, 인근에는 발전소와
함께 드넓은 호반이 휴식공간을 겸하고 있다.

학술연구단지에 있는 핵물리연구소INP는 입자물리학 분야에서 세계 최고 수준
을 자랑한다. 연구원 400명을 포함해 직원이 2900명이나 된다.

입자가속기와 전자냉각기, 광충돌 장치 등 세계적인 첨단기술을 보유한 이 연
구소는 외국 연구소나 대학에 기술을 이전하고 그 수입으로 각종 실험기기를 사

들인다.

방사물리학부장 아나톨리 메드베드코 박사는 "연구소 운영비의 절반 정도는 자체 조달되고 나머지는 정부 지원을 받는다"며 "한국에도 여기서 만든 가속기 6대가 삼성중공업 등 몇 곳에 수출됐다"고 밝혔다.

옛 소련 붕괴 후 유명학자 다수 미국 등 외국행

연구단지에는 수학 · 물리 · 화학 · 생물 등 이공분야와 함께 경제 · 사회분야의 연구소까지 망라돼 있다. 옛 소련 붕괴 이후 유명 학자들이 대우가 훨씬 좋은 미국 등 외국으로 많이 빠져나가 한동안 연구 분위기가 다소 위축된 감이 있었다고 한다.

노보시비르스크 지역에는 17개 대학과 20개의 기술전문학교가 있다. 시베리아 지역과 학자의 반수 이상이 노보시비르스크 과학센터와 아카뎀고로도크에 몰려 있다. 아카데미 정회원과 준회원이 100여 명, 이공학분야 박사 600여 명과 준박사 3500명이 연구소와 대학에서 일한다. 대학생 수는 7만여 명이다.

세계적 명성의 오페라 발레

노보시비르스크의 오페라 발레극장은 '시베리아의 볼쇼이' 라고 불릴 만큼 이름난 곳이다. 러시아에서 가장 큰 규모인 데다 전통 있는 극단과 발레단, 발레학교에서 배우와 무용수를 양성한다.

1957년 세워진 '시비리발레학교' 는 시베리아에서는 가장 오래된 발레학교. 상트페테르부르크와 모스크바는 물론 유럽 등지까지 이 학교 출신 유명 발레리나 500여 명이 활약하고 있다.

이곳에 유학 중인 한국 학생도 있다. 전주예고에서 여기 온 지 2년 된 이유하 양은 "1년간 러시아말을 익힌 뒤 입학해 기숙사에서 지낸다"며 "실기학습은 괜찮은데 발레사나 극장사, 러시아 문학은 외국인이 배우기엔 무척 힘이 든다"고

러시아에서 가장 큰 규모를 자랑하는 노로시비르스크의 오페라 발레극장.
'시베리아의 볼쇼이'로 불리며 수준 높은 공연 예술무대가 되고 있다.

했다. 이 학교 크로타바 아나톨리예브나 부교장은 "여기서 세계 발레 콩쿠르에
나가 메달을 딴 사람이 수두룩하다"면서 교내 복도에 전시된 사진 앞에서 릴리
아 자이츠바 등 이름난 무용수를 열거하며 자랑했다.

아카뎀고로도크로 가는 도중 들른 철도박물관에는 목재로 만들어진 초창기
기차에서부터 철광석 등을 150 t 씩 실어 나르는 '수퍼 철마'까지 갖가지 기차가
야외에 전시돼 있다. 일종의 '열차박물관'이라고 할 수 있다.

노보시비르스크 도심에서의
서커스공연(위).
왼쪽은 시비리발레학교 학생들의
발레수업 장면과
크로타바 아나톨리예브나
시빌리발레학교 부교장.

제설차는 1.5m까지 내린 눈을 철길 좌우로 5m 폭까지 밀어낸다고 한다. 눈이
많이 오는 시베리아에서는 꼭 필요한 기차다. 열차 내부를 개조해 병실로 꾸민
객실 등 내부 구조의 다양함이 과연 철도의 나라임을 일깨워주고 있었다.

김우광

노보시비르스크에 사는 한인 동포는 약 1200명 정도, 이 가운데 김우광佑光,66세 씨는 평직원에서 국영건설회사 사장에까지 오른 입지전적인 인물이다. 그가 거느렸던 건설회사는 16개. 시멘트와 철근 제조 등 건설에 필요한 자재공장만도 12개에 이른다. 학술연구단지 아카템고로도크의 현대식 건물 대다수를 그가 세웠고 그가 지은 아파트는 수천 개 동에 이른다. 몇 년 전 정년퇴임한 그는 개인 건설업체를 운영하고 있다.

―언제부터 건설분야에 관심을 갖게 됐나?

청년시절 사할린의 발전소에서 전기기술을 익힌 게 밑거름이 됐다. 탄광일을 하던 아버지와 어머니 품을 떠나 노보시비르스크에 혼자 온 뒤 낮이면 전기가설 등의 아르바이트를 하면서 이곳 농대를 졸업했고 전기기술을 공부했다. 1962년 건설사에 취직했다.

―국영기업 사장이 되기까지 어려움이 많았을 텐데?

보이지 않은 차별이 많았다. 오랫동안 어렵고 힘든 부서 일만 도맡아 했다. 승진할 기회마다 번번이 내 이름이 빠져 눈물도 꽤 흘렸다. 사장이 되기 전 부사장직에만 16년 있었다. 밤잠 안 자며 죽지 않으려고 사력을 다했다.

―지금 하는 일은?

건설사 '자오 유니스트로이 서비스'를 운영한다. 종종 고려인이나 이곳에 진출하려는 한국기업인을 돕고 있다.

그는 조만간 러시아 땅에 묻힌 부모를 화장한 뒤 고향인 경북 안동으로 모실 생각이다. 아버지가 숨을 거두기 전 "고향 가서 죽겠다"고 되풀이 말하던 모습이 생생하기 때문이다.

철도 역사 한눈에
철도박물관

다양한 모양·기능의 기차들 보관·전시

철도의 나라 러시아에는 곳곳에 철도박물관이 있다.
모스크바와 상트페테르부르크는 물론 니주니 노브고로드,
시베리아의 중심도시인 노보시비르스크와 예카테린부르크에도 있다.
가장 대표적인 것은 러시아 철도부가 상트페테르부르크 교외
바르샤바 기차역을 개조해 2001년 8월부터 운영하고 있는
'중앙철도 박물관' 이다.

박물관의 전시품은 곳에 따라 차이가 있지만, 대개 증기기관차에서부터
디젤-전기 등 동력원에 따라 진화되어 온 기관차는 물론 장갑포 등으로
무장한 군용기관차나 병원시설을 갖춘 의료용 기관차, 쌓인 눈을 치우는
제설용 기차, 각종 철도 장비 등을 야외에 전시하고 있다.

러시아 최초의 철도는 1937년 10월 30일 당시 수도였던 상트페테르부르크에
서 차르스코예 셀로황제 마을교외까지를 잇는 30km 구간.
상트페테르부르크와 모스크바 사이의 647km를 연결한 간선철도는
18개월의 공사 기간을 거쳐 1851년에 완성됐다.

20 · 옴스크-1

시베리아의 곡창
주식회사로 탈바꿈되는 집단농장들

노보시비르스크에서 옴스크까지는 627km., 열차로는 9시간 30분쯤 걸리는 거리다.
옴스크 주의 주도州都인 이곳의 인구는 약 130만 명이며,
오브 강의 지류인 이르티슈 강과 오른쪽에서 흘러드는 옴 강을 끼고
시가가 이루어진다.

옴스크는 러시아의 문호 도스토예프스키가 1849년부터 4년간 유형 생활을 한 곳이다. 후일 그는 감옥에서의 생생한 체험을 〈죽음의 집의 기록〉으로 남겼다.

당시만 해도 나무 한 그루 없던 이르티슈 강변에는 지금 수십 년 묵은 거목이 빽빽이 들어서 있다. 도심의 루빈스키 거리는 2~3층짜리 유럽풍의 중후한 석조 건물이 늘어서 있고 사람들로 붐비고 있었다.

옛 소련 집단 농장, 대부분 주식회사로 변신

옴스크 주는 시베리아의 곡창지대로 유명하다. 취재진은 우선 주정부의 농산부를 찾는 한편 러시아 제일의 육류생산 가공업체인 '옴스키 베이컨' 취재에 나섰다.

옴 강의 왼쪽 언덕에 건설된 코사크 요새에서부터 시가가 조성돼 1804년 시가된 옴스크. 1824년부터 한동안 시베리아의 수도였으며 서시베리아 개척의 중심

옴스크의 루빈스키 거리.

옴스크뚜크챠브스키 공원의 거목들.

지이자 농산물의 집산지로 발전했다. 국내 전쟁 때는 백위군이 볼셰비키 혁명
세력에 맞서 싸우다 적위군에게 궤멸당한 현장이기도 하다. 이후 시베리아 개척
을 위한 행정·군사적 거점은 노보시비르스크로 옮겨진다.

옴스크 주의 남쪽 스텝초원 지대는 젖소와 육우의 사육으로 낙농업이 발달했
고, 땅이 기름져 밀과 아마·해바라기·겨자 등이 재배돼 왔다.

북부의 삼림지대에서는 모피용 야생동물 사냥과 은여우 양식업이 성행하고
있다. 공업은 옴스크 시에 집중돼 있고 최근 우랄지방에서부터 시베리아횡단 송
유관이 이곳으로 이어지면서 정유·석유화학 공업이 급속히 발달했다.

취재진은 이미 횡단열차 안에서 만난 사람들로부터 러시아 농업이 수렁에 빠
져 있다는 얘기를 여러 번 들었다. 옛 소련의 집단농장 콜호즈 상당수가 최근 10

여 년 새 주식회사로 바뀌었다고 한다.

그러나 겉모습만 기업으로 바뀌었을 뿐 옛 관행은 쉽게 바뀌지 않았다. 농부들은 보드카를 가방 속에 넣고 농장에 출근한 뒤 나무 그늘에서 술을 마시며 시간을 때우기 일쑤였다. 농장 책임자도 돈이 생기면 낡은 농기구를 수리하거나 새 것으로 바꾸기보다 자신의 잇속부터 챙기곤 했다.

1960년대 이후 인공 비료를 마구 쓴 결과 농장은 지력地力이 쇠잔해 생산성이 낮아졌다. 농정과 유통 구조마저 엉성해 농산물이 제값에 팔리지 못하는 일도 다반사였다. 이같은 악순환이 거듭되면서 러시아 농민 다수는 가난에서 벗어나지 못하고 있다. 그런 상황에서도 경영 혁신에 성공한 농장이 하나 둘 늘어가고 있다.

그리드네프 유리에비치 옴스크 농산부 부부장은 "농장 개혁에는 경영자의 역할이 제일 중요하다"며 "정직하고 부지런한 지도자가 있으면 농장은 부흥하기 마련"이라고 강조했다. 실적이 좋은 집단과 노동자에게 봉급을 올려주되 게으름뱅이나 음주자에게는 감봉·파면 등 엄격한 사규를 적용한다는 게 이들 성공한 농장의 공통점이다.

육류 가공… 옥수수농장 모범 보여

주정부는 2천 년부터 '수확 챔피언'을 시상하고 있다. 품종별로 단위면적당 수확을 가장 많이 올린 농장 근로자에게 자동차를 한 대씩 주는 것이다. 생산성을 높이려는 파격적인 시도이다.

옴스크 주에는 사회농장 3곳, 집단농장 49곳과 교육용 농장 7곳이 있고 농산물 생산·가공 등 관련 회사는 350여 개가 있다. 특히 농장 가운데 25~30%는 거듭나기에 성공했고 20%는 파탄지경이라고 한다.

이 지역에서 생산되는 밀·옥수수와 돼지·소·양·닭고기 등은 우랄지역과 멀리 극동에까지 팔려나간다. 생산되는 밀은 보통 연간 200만 t이나 된다. 이곳에서 돼지고기를 생산·가공하는 '옴스키 베이컨'과 농축우유를 만드는 '루빈스

157

키 우유', 밀가루를 생산하는 OAO 공장, 시베리아 치킨 회사 등은 전국적으로
도 이름이 알려져 있다. 그 중에서도 '옴스키 베이컨'은 근로자가 4000명이 넘
는 러시아 제1의 육류생산 업체다.

옴스크 도심에서 자동차로 40여 분 정도 걸리는 이르티슈 강 서안의 루지노에
위치한 이 회사는 본래 돼지 사육 농장으로 출발했다. 1990년대 중반, 주식회사
가 되면서 '시베리아 석유' 등의 지분 참여에 힘입어 돼지고기와 베이컨 생산에
나섰고 1997년 독일산 각종 설비를 갖춘 후 본격적인 육류생산 업체로 자리잡았
다.

이 회사 드미트리 메드베데프 영업부장은 "회사 농장에서 기르는 돼지가 28만
마리"라며 "사료 확보에서부터 사육이나 도살, 고기 생산과 가공 판매까지 일관
작업으로 이뤄진다"고 했다.

옴스크의 베이컨 생산공장.

'옴스키 베이컨'의 일일 돼지고기 생산량은
50 t. 소시지 80여 종, 돼지고기 30여 종과 다
진고기 등 10여 종을 생산해 러시아 전역에 공
급한다. 근로자의 월급은 50~100달러 수준.

가구마다 텃밭 일궈 식량난 보태

그 외에 옴스크 주에서 가장 모범적인 농장
으로 꼽히는 옴스크 근교의 푸슈킨스키 옥수
수농장이 있다. 이 농장은 1960년대 집단농장
인 콜호즈로 출발하여 1990년대 이래 러시아
전역 농ㆍ축산분야 생산성 1위를 기록해 왔다.
옛 소련이 무너지면서 주식회사로, 1999년 다
시 소비조합으로 개편됐다.

농장의 직원은 모두 500여 명. 이들은 약
1500만 평의 거대한 땅에서 트랙터와 콤바인

주말농장 '다차'.

80여 대, 화물차 70여 대, 살수차 20여 대를 이용해 옥수수와 밀, 감자 등을 재배한다. 사료용 옥수수만도 해마다 2000 t 정도를 수확한다.

의료비·교육비 부담이 별로 없다지만 100달러가 안 되는 월급으로도 러시아인들이 생계를 이어가는 비결은 무엇일까. 취재진은 시베리아 횡단여행 초기에 가졌던 이런 의문을 이곳에서 비로소 풀 수 있었다. 교외로 나서면 으레 눈에 띄는 통나무집, 수십~수백 평 규모의 밭인 '다차^{주말농장}'가 해답의 열쇠이다.

러시아 인들은 집집마다 '다차'를 갖고 있다. 다차에서 감자와 배추, 당근, 딸기 등 야채와 과일을 직접 가꾸어 부식의 대부분을 해결하고 더러는 시장에 내다 팔기도 한다. 취재진의 안내를 도운 스베타^{24세}도 주말이면 어머니와 함께 루지노에 있는 다차를 찾는다고 한다.

드넓은 땅을 가진 러시아는 가구마다 이런 주말농장을 허용함으로써 옛 소련 시절, 배급제로 감당하지 못했던 식량난을 털고 국민의 불만을 상당부분 잠재우고 있었다.

21 · 옴스크-2
도스토예프스키 유배지
〈죽음의 집〉서 문학魂 키워

시베리아 철도가 옴스크까지 이어진 건 지금부터 100년이 넘는
1890년대 후반이었다. 러시아의 문호 도스토예프스키1821~1881년는
이보다 40여 년 전 이곳에서 국사범으로 유배생활을 했다.
파르티잔스크 거리의 옴 강과 이르티슈 강이 만나는 지점이 바로 그 현장이다.
우중충한 흙탕물이 흐르는 강변에 자작나무 등 낙엽수가 많이 서 있는 지금과 달리
그가 유형 생활을 할 당시, 이곳은 그저 황량한 벌판에 지나지 않았다.

본래 교도소장의 사택이었다는 도스토예프스키 박물관. 단층 건물의 입구 외
벽에는 부조浮彫된 그의 전신상全身像과 함께 '도스토예프스키가 1850~1854년
이곳에서 유배생활을 했다'고 씌어 있다.

반체제 독서모임에 참가한 죄로 유형의 길 떠나

도스토예프스키는 28세되던 1849년 4월, 비밀조직에 가담했다는 이유로 검
거됐다. 비밀조직이라고 해봐야 외무부 공무원 페트라세프스키가 주도한 반체
제 성향의 독서모임일 뿐이었다. 그러나 유럽 전역에서 왕정이 무너지고 민주주
의가 싹트던 시절이어서 제정러시아는 지식인에게 감시의 눈을 번득였고 사건
관련 연루자를 엄벌했다.

도스토예프스키의 죄는 이 모임에 나가 공개가 금지된 편지를 읽었다는 것.

그해 12월 22일 사형 집행장으로 끌려간 그는 다른 동료들과 함께 기둥에 세
워졌다. 그러나 총살을 기다리는 최후의 순간 극적인 사태가 벌어진다. 황제의

옴스크의 도스토예프스키박물관 전경(위)
오른쪽은 건물 외벽에 부조된 글로,
도스토예프스키가 이곳에서 유배생활을 했다는 내용이 담겨 있다.

특사가 나타나 형 집행을 멈추게 한 뒤 "사
형 대신 강제노동 4년, 군복무 4년으로 처
벌을 경감한다"고 '자비'를 선언한 것이다.
　그로부터 이틀 뒤인 12월 24일 성탄 전
야에 그는 상트페테르부르크를 떠나 시베리아의 유형지로 향했다.

기구한 밑바닥 삶 체험, 명작 탄생의 밑거름

　옴스크의 이르티슈 강변 유형지에서 도스토예프스키는 약 1500일간 족쇄를
차고 강제노동을 했다. 감방으로 쓰인 허름한 목조 건물 짚더미 속에는 벼룩과
바퀴벌레가 들끓었고 여름이면 흙먼지와 무더위, 영하 40도까지 내려가는 겨울

혹한, 고질화하는 신경쇠약과 발작에 시달려야 했다. 더하여 귀족에게 적대적인 일반 죄수들의 끊임없는 구박과 간수의 체벌을 견뎌야 했다.

그러나 잔인했던 유형지, 살인·강도와 절도 등 온갖 파렴치한 죄수 150여 명과 함께 지내는 동안 그는 다양하고 적나라한 인간성에 눈 떠 갔고, 후일 그 때의 생활을 〈죽음의 집의 기록〉으로 생생하게 그려냈다. 죽음의 집은 바로 그의 문학 혼을 키운 산실이었다.

"감방에 있는 도둑들 중에서 인간을 발견하게 됐어요. …거기에 심원한, 힘찬, 아름다운 성질이 살아 있어요. 거칠기 짝이 없는 겉껍질 밑에 황금을 찾아낼 수 있다는 것은 그 얼마나 큰 기쁨인가 말이에요. 한 사람이나 두 사람이 아니라 얼마든지 있어요."

후일 그는 형에게 보낸 편지에서 "죽음의 집이 나를 민중에게 데려다 줬다"며

박물관 안에 전시된 도스토예프스키의 육필 원고들.

고통의 세월에 깊이 감사했다.

죽음의 집은 귀족 신분에 안주해 온 그의 혼
을 용광로처럼 녹이고 끊임없이 담금질했다.
지금까지 알고 있던 온갖 표준의 도덕, 관습적
인 선악의 구분을 뛰어넘게 했고, 양심과 죄,
신과 인간, 구원의 문제에 이르기까지 심오한
삶의 진실에 더욱 고뇌하며 탐색하도록 이끌었다.

감옥생활이 끝난 후, 오랜 군복무와 그늘진 결혼생활, 재혼, 노름과 빚더미 등
의 굴곡진 삶 속에서 이루어진 그의 줄기찬 사색은 〈죄와 벌〉 〈백치〉 〈악령〉 〈카
라마조프의 형제들〉 등의 작품으로 하나하나 열매를 맺었다.

삶과 죽음의 경계 넘나든 대문호의 체험

박물관 여직원은 기자가 미처 몰랐던 명작의 배경을 진지하게 설명했다.

"〈죽음의 집의 기록〉에서 그는 어느 귀족 출신 살인범의 기구한 삶을 소개했

상트페테르부르크의 도스토예프스키박물관 내부. 옴스크의 유배지에서 풀려난 뒤 작가가 지냈던 곳이다.

습니다. 빚투성이의 방탕한 생활을 하다가 아버지를 살해했다는 죄목으로 20년 형을 선고받은 그 죄수는 감옥살이 10년만에 진범이 붙잡혀 뒤늦게 풀려나지요. 도스토예프스키가 평생 잊지 못할 이 실존 인물은 바로 〈카라마조프의 형제들〉에서 형상화됐습니다. 재산과 여자 때문에 아버지를 죽인 패륜아로 낙인 찍힌 맏아들 드미트리가 바로 그였습니다."

작품 속에서 실제 범인은 아버지 표도르의 사생아 스메르자코프였지만, 그의 살인도 실은 둘째 아들 이반에게서 영향을 받았다. '신이 없으면 모든 것이 허용된다' 는 생각, '악행도 필요할 뿐 아니라 오히려 가장 현명한 행위' 라는 믿음이 살인을 부추긴 것이다.

살인의 정신적 교사자 이반, 죄를 뒤집어 쓴 용의자 드미트리, 수도사를 지망하는 순결한 셋째아들 알료샤 등의 인물을 통해 이 소설은 선악과 영혼 문제의 근원을 탐색하고 있다. 〈죽음의 집〉 이후 20여 년에 걸친 그의 오랜 사색이 마침내 불후의 명작을 빚어낸 거

상트페테르부르크에서 도스토예프스키가 쓰던 책상과 집기들. 그는 이 책상에서 〈카라마조프의 형제들〉을 집필했다.

죄수들이
유배지에서
입었던 옷.
등짝에
다이아몬드 모양의
흰 천이 붙어 있다.

름이 된 것이다.

생사의 경계, 그 절박한 경지까지 내몰린 그의 체험은 작품 속에서 살아 움직이듯 더욱 생생하다.

"그의 머리가 단두대 위에 놓이게 되고… 그때 갑자기 자기 머리 위에서 쇠붙이의 '철커덩' 하는 소리를 듣게 되는 1초의 마지막 순간… 머리가 잘린 후 1초동안 그 사실을 머리가 알고 있을지를… 상상해 보아라. 머리가 잘린 후 5초 동안, 그 사실을 머리가 알고 있다면 어떻게 되는 것인가?"

〈백치〉에서 사형수의 목이 잘리는 최후의 순간을 섬뜩하게 일깨우는 대목은 머리카락을 곤두서게 한다.

〈죽음의 집〉 이후 이어진 작가의 고통·죽음·고뇌

박물관에는 도스토예프스키의 흉상과 데드마스크, 육필 원고와 노트, 첫 아내와 두번째 부인 안나 그리고리에프나에게 보낸 편지들, 당시 옴스크 행정관리의 자취까지 그와 관련된 갖가지 자료가 전시돼 있다.

그 중 눈길을 끄는 것은 등짝에 다이아몬드 모양의 하얀 천 조각을 댄 당시의 죄수복이었다. 회색빛 칙칙한 바탕에 멀리서도 눈에 띄는 다이아몬드 표지─죄수가 짊어진 어두운 고통을 배경으로 찬란하게 빛나는 보석의 형상이 아닌가.

사형수, 유형생활, 간질발작, 노름과 빚더미 속에서 그는 오랫동안 고뇌했고, 이런 체험의 세계를 온갖 인물들, 곧 가난뱅이에서부터 몸 파는 여인, 도박꾼, 몽상가와 광신자, 무신론자, 사변적 지식인 등의 다양한 눈으로 비쳐보았다.

그렇게… 〈죽음의 집〉에서 벼리고 벼린 그의 영혼은 죄수복 등판의 다이아몬드처럼, 시베리아의 밤하늘에 반짝이는 별처럼 우리 가슴에서 찬란한 빛을 발하고 있다.

22 · 예카테린부르크-1
황실 가족 숨진 현장에 '성인' 추모 대성당
시베리아 마지막 都市

옴스크에서 취재진이 탄 열차의 쿠페 4인용 객실에는
40대 후반의 러시아 여인이 타고 있었다. 안나 예고로브나라는 이 여성은
취재진 두 명과 통역의 낯선 동양인 남성 세 명과
하룻밤을 같이 지내게 됐는데도 거리낌이 없는 듯 밝은 모습이었다.
생면부지의 남녀가 한 객실을 쓰게 되는 경우가 시베리아횡단 여행에서는 왕왕 있다.
남성 또는 여성 전용 객실이 따로 없으니 불가피한 일이다.

그녀는 며칠간 노보시비르스크에 있는 친척 집에 갔다가 예카테린부르크 근처에 있는 근무지인 작은 역으로 돌아가는 길이었다. 그녀는 역을 관리하며 딸과 단둘이 산다고 했다.

높은 이혼율, 인구 감소로 고민에 싸인 러시아

지적으로 보이는 이 여인은 왜 남편과 헤어졌을까. 그러고 보니 노보시비르스크에서 대학교수로 있는 어느 고려인 여성도 이혼하고 아들과 함께 살고 있었다. 궁금증이 일었지만 사적인 내용을 캐물을 수는 없었다.

필자는 뒤늦게 현지에서 안내를 도운 문성춘우랄공과대 박사과정 씨로부터 "러시아의 이혼율은 세계 최고 수준"이라는 얘기를 듣고 비로소 그 사정을 짐작할 수 있었다.

해마다 결혼 건수의 60% 이상, 대도시에서는 100% 가까운 수가 이혼한다는 것이다. 주된 이혼사유는 20대 초반의 조혼早婚으로 겪는 생활고, 남편의 음주벽,

가정에의 무관심 등이다.

독한 술을 너무 즐기는 탓인지 평균 수명 72세인 러시아 여성에 비해 남성의 평균 수명은 52세로 훨씬 짧다. 이래저래 남편없이 살아가는 여성이 많을 수밖에 없는 환경의 러시아에서 가정의 붕괴는 출산율 저하, 인구 감소로 이어지는 고민거리가 되고 있다. 러시아 인구는 현재 1억 4000만에서 2015년 1억 3400만, 2050년 8000만 명으로 예상돼 출산 장려 운동을 펴야 할 만큼 심각한 상황이다.

마침내 시베리아의 마지막 도시 예카테린부르크에 도착했다. 아시아와 유럽의 경계 우랄산맥에서 40km 떨어진 이 도시는 유럽 쪽에서 보면 시베리아와 아시아의 관문이 된다.

마지막 황제 살해된 곳에 대형 성당 신축

1723년 표트르 대제는 광물자원이 풍부한 우랄지역 개발을 염두에 두고 이 도시를 조성토록 했다. 도시 이름은 그의 부인 예카테리나 여왕*캐더린 1세* 의 이름을 딴 것이다.

러시아 제국의 기초를 닦은 표트르 대제는 부인을 매우 사랑했다고 한다. 그러나 황후가 바람 피운다는 것을 알자, 상대 남자의 목을 베어 부인의 침실에 보관하게 했을 정도로 잔인했다.

스베르들로프스크주의 주도인 예카테린부르크의 인구는 130만 명. 1955년 개방된 이후 러시아에서는 가장 먼저 대형 소매점이 생겼고, 코카콜라 직영 생산 공장 등 80여 외국기업이 진출해 있다. 시베리아 도시 가운데 개방 후 가장 빨리 성장한 곳으로 손꼽힌다. 시내에는 미국·영국·독일·체코 등 주요 서방국 영사관이 있고 외국인의 왕래도 활발하다.

취재진이 가장 먼저 찾은 곳은 도심을 동서로 가로지르는 레닌거리 중심에서 북쪽으로 500m쯤 떨어진 곳, 제정러시아의 마지막 황제 니콜라이 2세*1868~1918*

일가가 숨진 비운의 현장이었다. 황제 일가가 살해된 2층 통나무 건물은 자취가 없고 성당 건물과 표석이 옛 역사를 증언하고 있다. 성인으로 추서된 황제 일가를 기리기 위해 2005년 세워진 대형 성당건물 입구에는 희생자 등의 동상이 세워져 있다.

80년 만에 밝혀진 마지막 황제 일가의 비극

1991년 예카테린부르크에서 30km 떨어진 폐광 속에서 고고학자들이 9구의 유해를 발굴했다. 유해는 니콜라이 2세와 알렉산드라 황후, 공주 3명, 어의와 시종 3명의 것으로 추정됐다. 공교롭게도 황태자 알렉세이와 공주 1명의 유해는 보이지 않았다.

예부터 막내 공주 아나스타샤1918년 당시 17세가 구사일생으로 살아나 외국으로 도피했다는 소문이 떠돌았는데 과연 황실 가족 가운데 생존자가 있었던 것일까. 훗날 베를린에서 "내가 바로 아나스타샤"라고 주장하며 어린 시절 황실 생활의 이모저모를 소개하기까지 했던 어느 여성의 증언은 진짜였을까.

황실 가족의 생사를 둘러싼 논란과 갖가지 소문의 진상은 이제 확실히 가려졌다. 1994년 유전자 감식 등으로 발굴된 유해의 주인이 밝혀졌기 때문이다. 이들 유해는 황제 부부 외에 세 명의 공주 올가첫째, 타치아나둘째, 아나스타샤넷째의 것으로 확인됐다. 일각에서 생존설이 나돌던 아나스타샤의 유해가 포함돼 있으니 '자칭 아나스타샤'는 모두 가짜였던 것이다.

돌아보면 300년 동안 러시아를 지배해 온 로마노프 왕조는 1914년 제1차 세계대전 참가로 몰락의 수렁에 빠졌다. 전쟁으로 민생이 피폐해지면서 빵을 요구하는 시위와 파업이 걷잡을 수 없었고 결국 군부가 이에 가세하자 니콜라이 2세는 1917년 3월 15일 폐위를 선언했다. 임시정부에 의해 유폐됐던 황제 가족은 이어 볼셰비키의 10월 혁명 뒤 시베리아로 이송됐다. 그러나 옴스크에 있던 '백군코르차크 장군의 부대'이 이곳 철광도시 예카테린부르크 쪽으로 진격해 온다는 소식이 전해지자 볼셰비키들은 황제 가족을 서둘러 총살키로 했다.

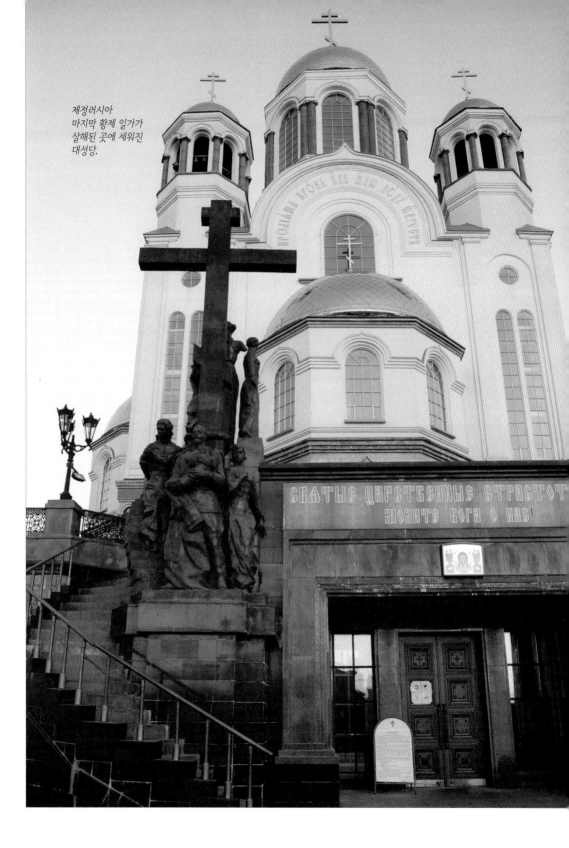

제정러시아
마지막 황제 일가가
살해된 곳에 세워진
대성당.

탄광 속에서 발굴된 9구의 유해

1918년 7월 16일 밤. 니콜라이 2세의 가족과 시종들이 유폐돼 있던 가옥에 갑자기 볼셰비키 장교 하나가 나타났다. 그는 잠에 취해 있던 황실 가족을 깨운 뒤 이들을 허름한 지하실로 떠밀다시피 몰아넣었다.

니콜라이 2세가 혈우병을 앓는 13살 된 아들 알렉세이를 데리고 들어가고 이어 부인과 딸 올가, 타치아나, 마리아 그리고 아나스타샤가 그 뒤를 이었다. 마지막으로 요리사와 하인 등 나머지 네 명도 벽을 등지고 두 줄로 나란히 세워졌다. 곧 이어 라트비아인 6명, 러시아인 5명이 들어섰다. 이들은 황실 가족을 향해 총을 겨누고 장교의 발사 명령에 방아쇠를 당겼다. 고막을 찢는 듯한 총성과 자욱한 연기, 비명 속에 러시아의 마지막 황실 가족이 차례로 쓰러졌다.

니콜라이 2세 황제 일가.

볼셰비키들은 이들의 시신을 폐광으로 옮겼다. 그들은 숨진 이들 가운데 황태자 알렉세이와 셋째 공주 마리아의 시신을 먼저 불태웠다. 그러나 시간이 너무 지체되자 다른 시신 9구는 그냥 갱 속에 묻어버린 채 도주했다. 로마노프 왕가는 이처럼 처참하게 300년의 역사를 마감한 것이다.

예카테린부르크 도심의 레닌 구조물.

피바람의 역사는 지고
황제 일가 '성인'으로 추대

황제 일가의 유해는 1998년 상트페테르부르크의 '피터 폴 성당'으로 이장됐다. 80년간 갱 속에 묻혔던 비운의 역사는 이로써 일단 수습 절차를 밟았다. 황제에 대한 세간의 평가야 어떻든간에 이승을 떠돌았을 영혼을 위로하고 잔인했던 총살의 죄업을 조금이나마 씻어낸 것이다.

숨진 황제 일가는 2000년 8월 러시아 정교회의 성인으로 추대됐다. 당시 니콜라이 로마노프 '로마노프 왕가회' 의장은 그의 시성諡聖과 관련, "80년 전 시작돼 수천 만 러시아 인의 목숨을 앗아간 무서운 비극의 종말을 알리는 상징"이라고 했다.

황제에게 무슨 뛰어난 종교적 실천의 본보기가 있었던 것은 아니다. 새삼스럽게 왕정에 대한 향수 때문에 그를 성인으로 만들 이유도 없었다. 그의 죽음은 바로 반종교적 소비에트 정권이 자행한 엄청난 살육의 서막이었기에, 그의 시성으로 70년간 이어졌던 광란의 피바람이 끝났음을 알리는 뜻이 있었던 것이다.

이는 어쩌면 모스크바 붉은광장에 아직도 자랑스레 누워 있는 레닌을 땅속 저 깊은 곳, 역사의 '무저갱' 속에 파묻어야 한다는 외침의 시작인지도 모를 일이다.

23 · 예카테린부르크-2

세계 정상들 줄줄이 견학
기계공장 우랄마쉬

러시아 최대의 기계공장 우랄마쉬는 예카테린부르크의 자랑거리다.
옛 소련은 외국에서 찾아온 정치 지도자들에게 이 거대한 공장을 보여주며
그들의 저력을 과시했다. 1950년대 이후 북한의 김일성을 비롯해
중국의 마오쩌둥毛澤東과 저우언라이周恩來, 미국의 닉슨과 인도의 인디라 간디,
인도네시아의 수카르노, 에티오피아의 셀라시에, 쿠바의 피델 카스트로 등
방문객의 면면은 자못 화려하다.

스베들로프스크 주정부 관계자의 소개 덕택에 취재진은 어렵지 않게 우랄마쉬 공장 내부를 둘러볼 수 있었다. 우랄마쉬의 아게예프 스테파노비치 공보관이 공장 현황을 설명한 뒤 직접 차를 몰아 취재진을 공장 안으로 안내했다. 공장 주위는 높은 담이 둘러져 있었고 입구에는 경비원들이 드나드는 차량을 검문하며 출입자의 신분을 일일이 확인하고 있었다.

우랄지역 경제 성장의 견인차

1933년 스탈린의 명령으로 세워진 이 공장은 제2차 세계대전 이후 주로 탱크와 대포 군용비행기 등 각종 군수품을 생산해 왔다.

공장의 면적은 10km². 현재는 자동차, 철도 레일, 건설장비와 열차 생산공장, 제철공장 등 8개 대형 공장이 모여 있다. 공장마다 사장이 따로 있으며 회장이 전체 경영을 총괄한다. 근로자 수는 1만 5000여 명. 잘 나가던 시절에는 근로자 수가 4만을 넘었으나 오랜 경기 침체에 모라토리엄국가 채무 지불유예까지 겪으면서

퇴근하는 우랄마쉬 공장 근로자들.
한때 4만 명을 넘었으나 지금은 1만 5천여 명 정도의 근로자가 이곳에서 일한다.

대폭 줄었다.

우랄산맥 주변 지역은 지하자원이 풍부해 일찍부터 이를 이용한 중화학 공업과 군수산업이 발달했다. 제2차 세계대전이 터지자 스탈린은 만일을 대비해 유럽에 있던 1000여 개의 주요 공장을 우랄산맥 동쪽으로 옮기도록 했다. 이들은 대전 후에도 예카테린부르크 등 우랄 지역 경제 성장의 견인차가 되었으나 군수물자를 생산해오던 공장 시설은 냉전이 끝나고 옛 소련이 붕괴되면서 엄청난 시련을 겪는다. 탱크나 장갑차, 전투기 같은 무기 수요가 격감해 공장 시설을 놀릴 수밖에 없게 된 것이다.

지역 경제가 파탄 위기에 몰리자 정부는 과감한 구조 조정과 개혁에 나섰다. 스베들로프스크주 외교통상부 알렉산드르 리네츠키 차관은 "최근 10년 새 국영國營업체 대부분을 민영화하고 서방의 투자를 유치해 민수용품 생산에 힘쓰고 있다"며 "탱크 생산시설 90%를 불도저와 굴착기, 트럭 만드는 시설로 바꿨다"고 한다. 국가가 필요로 하는 최소한의 방위 시설과 항공기 생산 공장 등 일부만 국가 소유로 남겨 놓은 것이다.

西시베리아 완충 거점에 한국투자 희망

이런 노력에 힘입어 스베들로프스크 주는 러시아 전체 89개 행정 단위 중에서 경제규모 2위를 자랑할 만큼 빠른 성장을 이룩했다. 외국과의 무역도 활발해 미국 등 100여 개 나라와 거래가 이뤄진다. 한국과는 1996년, 7900만 달러였던 교역 규모가 러시아의 모라토리엄 선언 직후인 1999년 300만 달러로 급락했으나 점점 늘어가는 추세다. 주정부 관계자들은 "이곳은 서시베리아 자원 개발은 물론 유럽 진출에 거점이 될 수 있다"며 한국 기업의 적극적인 투자를 희망했다.

군수품 생산시설 민수용으로 바꿔

우랄마쉬의 금속 공장은 기계 소리가 요란했다. 거대한 선반 위에서 길이 5m쯤 되는 시커먼 주철 덩어리가 깔끔하게 깎여지면 바닥에는 쇳조각이 수북이 쌓여간다.

우랄마쉬에서 만들어진 옛 소련시절의 탱크. 공장 입구에 조형물로 전시된 이 탱크는 1941~1945년에 생산 되었으며 제2차 세계대전 중 독일과 벌인 우수리 전투를 승리로 이끈 병기이다.

우랄마쉬공장 내부.

　이 공장은 연철을 가압처리해 발전소에 쓰이는 특수 강철관이나 공작 기계부품 등 다양한 용도의 강철을 만든다. 가로 세로 400m나 된다는 거대한 기계공장은 방문객을 압도하기에 충분했다. 기계를 만드는 기계, 레일 만드는 설비, 석탄과 석유 채취시설 등 온갖 기계류가 만들어지고 있었다.

　스테파노비치 공보관은 "이 공장에서 최근 50여 년간 석유채취 장비만 1만 4500개를 만들어 국내외에 공급했다"며 "러시아가 세계적인 산유국이 된 것도 이들 장비 때문"이라고 자랑했다. 석유나 석탄을 캘 때 쓰는 특수 합금 굴착기는 땅 속 15km까지 파고 들어갈 수 있다고 한다. 북한 김책 시의 제철 시설도 1976년과 1982년 이 공장에서 만들어 납품했다.

　우랄마쉬의 기계 생산량은 1999년 4만 5000 t, 2000년 7만 8000 t, 2001년 15만 t으로 급성장하고 있다. 민영화 이후 주식의 100%가 민간 소유로 바뀌었고, 그간 신규 시설 투자도 대폭 늘려 독일 폭스사의 대형 용광로와 중소형 컴퓨터 1000대 이상을 설치했다.

　노동자의 평균 임금은 3000루블약 14만원로 다소 높은 편. 특수 기계 부품을 생산하는 전문 기술자는 1만 2000루블약 56만원까지 받는다.

예카테린부르크 서쪽 40km 지점에 있는 유럽·아시아 대륙의 경계비.
중앙선의 오른쪽이 아시아, 왼쪽이 유럽이다.

5
우랄 산자락 넘어 유럽 땅으로

펜과 열정으로 가꾼 자유 예술魂

우랄산맥을 넘으면 유럽이다.

혁명과 압제와 저항이 격랑치던 소설 〈닥터 지바고〉의 무대 페름.

막심 고리키의 고향이며 핵물리학자 사하로프의 유배지인

니주니 노브고로드, 러시아 문호 톨스토이와

시인 푸시킨의 활동무대인 모스크바,

도시 전체가 박물관이나 다름없는 상트페테르부르크가 펼쳐진다.

24 · 페름-1

광활한 눈밭, 유리와 라라의 애절한 사랑
소설 〈닥터 지바고〉의 무대

아시아와 유럽, 두 대륙의 경계를 이루는 우랄산맥은
남북의 길이가 2000km나 되지만 높은 줄기는 북쪽에 치우쳐 있고
가장 높은 나로드나야 산맥도 1894m로 한라산보다 낮다.
남쪽으로 갈수록 높이는 낮아져
시베리아횡단철도가 지나는 곳은 해발 403m에 불과하다.

예카테린부르크를 떠난 열차는 마침내 우랄산맥을 넘었다. 아시아를 벗어나 유럽 땅에 들어선 것이다.

내리막 길을 내쳐 달리는 기세에 쌓인 눈이 제풀에 놀라 마구 흩날린다. 하늘과 맞닿은 저 광활한 눈밭, 〈닥터 지바고〉의 유리와 라라가 방황했고 애절한 사랑으로 고뇌했던 무대가 바로 이곳 우랄의 산자락이었다.

사랑의 은신처를 찾아 삼두마차를 타고 눈길을 달리는 연인들…. 가슴을 파고 드는 현악기의 선율과 함께 영화의 배경음악 '라라의 테마' 가 울려 퍼지는 듯하다.

작가 파스테르나크의 작품 무대

혁명으로 모든 것이 바뀌면서 유리 지바고는 숙청 대상자로 지목돼 있었다. 자유롭고 감상적인 그의 시詩가 문제가 된 것이다.

아내와 함께 모스크바를 떠나 우랄지방의 오지 바르키노에 은둔한 그는 농사를 지으며 시를 쓰면서 안정을 되찾는다. 시내 도서관에 들렀던 그는 우연히 군

파스테르나크가 살았던 페름 거리.

의관 시절 간호사로 함께 일했던 라라와 재회한다. 작품 속에서 라라가 살았던 곳, 유리가 찾아간 유리아틴의 '조각이 있는 집 건너편 상인가'는 페름의 옛 시가지를 묘사한 것으로 알려져 있다.

이들의 애끓는 사랑은 혁명기의 사회적 혼란, 적군·백군 간 내전의 소용돌이 속에 여지없이 짓밟히고 만다. 라라와의 밀회에 가책을 느끼던 그는 작별을 고하려고 그녀를 찾아가던 중 빨치산의 포로가 된다. 몇 년 간 군의사로 끌려다닌 끝에 가까스로 그들의 손에서 벗어나지만 그의 가족은 어디론가 이주한 뒤였다.

눈과 얼음에 갇힌 바리키노의 집에서 그는 다시 라라와 꿈같은 시간을 보내지만 어둠 속에 짖어대는 늑대 울음 소리처럼 시시각각 불안과 위험이 다가온다.

우랄지방은 작가와 인연이 깊은 곳이다. 작품에서 이별의 아픔으로 방황하는 유리 지바고의 처지는 작가 보리스 파스테르나크1890~1960의 실제 모습과 닮아 있다. 그는 시작詩作 활동 초기 페름에서 카마 강 등 이곳의 자연을 소재로 한 서정시를 많이 썼다.

천재 작가의 불우한 일생

어린 시절 말을 타다 떨어져 평생 걷는 데 불편을 겪었던 파스테르나크는 1차 대전 중 병역을 면제받는 대신 우랄지방의 군수공장에서 일했다.

1914년 그는 처녀시집 〈구름 속의 쌍둥이〉를 낸 데 이어 이곳에서 시작에 열중했다. 시집 〈장벽을 넘어서〉1917에 뒤이은 〈나의 누이 나의 삶〉1922으로 그는 역량있는 서정시인으로 평가받게 된다. 1934년 소비에트 작가동맹이 사회주의 리얼리즘을 강조한 이후 그는 모스크바 근교로 이사해 오랫동안 칩거하지만 그 즈음 그는 이미 사회주의 건설에 비판적인 인물로 지목돼 있었다.

그는 셰익스피어와 괴테 · 베를렌 · 릴케 등 상징파와 낭만주의 시인의 작품을 번역하면서 생계를 유지했다. 1956년 모스크바의 한 출판사에 소설 〈닥터 지바고〉를 선보였으나 "10월 혁명과 사회주의 건설을 모독했다"는 이유로 출판을 거절 당했다.

반동적 작품 비난, 추방 위기까지

이 소설은 이듬해 이탈리아어로 처음 출간됐다. 이어 1958년 영어 등 18개국어로 번역 출간되고 마침내 노벨 문학상 수상작으로 결정된다.

작품 속에서 유리 지바고의 시가 그랬듯이 그의 소설 출간도 미 · 소 냉전의 소용돌이에 휘말렸다. 소련의 매스컴은 그가 외국에서 반동적인 작품을 출판했다며 거세게 비판했고, 작가동맹은 그를 제명했다. 그가 노벨상 수상受賞을 거절한 뒤에도 그에 대한 비난과 국외 추방 여론은 거세어져만 갔다.

그는 흐루쇼프 서기장에게 "러시아를 떠난 내 운명은 죽음이나 마찬가지"라며 "조국에 머물게 해달라"고 탄원했다. 추방은 면했지만 그 뒤 1년 반 동안 그는 암과 심장병에 시달리다 1960년 5월 30일 숨을 거두었다.

〈닥터 지바고〉는 파스테르나크의 자전적 소설이다. 유리 지바고는 혁명기의 격

파스테르나크가 읽던 책들(맨 위)과 그의 자전적 소설인
〈닥터 지바고〉 원본(왼쪽). 오른쪽 아래는 파스테르나크가
누이 조세핀에게 보낸 편지의 봉투(후버연구소 소장).
파스테르나크는 보라색 잉크를 즐겨 썼다고 한다.

랑 속에서 '고뇌하는 지식인' 의 전형이자 작가의 분신이다. 연인 라라와 헌신적
인 부인 토냐는 작가의 실제 연인 올가 이빈스카야와 부인 지나이다를 빼닮았다.

파스테르나크는 56세 때인 1946년 진보적 문학지 '노브이 미르'신세계의 편집
자이던 이빈스카야당시 34세를 만나 번역 작품의 교정 등을 맡기며 친분을 쌓아갔
다.

1949년 당성에 어긋나는 작품 성향을 문제삼던 당국은 그의 투옥을 유보하는
대신, 연인이던 이빈스카야를 체포해 한동안 시베리아로 유폐한다. 파스테르나크
는 그녀와 헤어지면서 "이것은 죽음이다. 아니 그보다 더 못하다"며 울부짖었다.

그는 두 번째 부인 지나이다와 가정을 유지하면서도 숨질 때까지 이빈스카야와의 연인 관계를 이어갔다. 이들은 모스크바 근교 페레델키노의 다차에서 지바고와 라라처럼 행복한 나날을 보냈지만 파스테르나크가 죽은 뒤 그녀는 또다시 딸과 함께 4년간 시베리아로 유폐되는 고초를 겪는다.

1987년 복권, 그러나 기념관만 쓸쓸히

1988년 소비에트 작가동맹이 파스테르나크의 복권을 허용함으로써 그의 작품은 30년간의 판매금지에서 풀려났다. 〈닥터 지바고〉는 러시아

파스테르나크와 페레델키노에 있는 보리스 파스테르나크 박물관. 그가 생애의 마지막 20년을 보낸 집이다.

보리스 파스테르나크가 젊은 시절에 살았던 마을.

어로 출판됐고, 그가 살았던 페레델키노의 다차는 오늘날 그의 기념관이 돼 있다.

여행 안내서 '로운리 플래닛'의 러시아 지역판에는 파스테르나크가 살았던 곳을 '페름의 레닌 거리 고골랴 코너 부근의 푸른 집'이었다고 적어놓고 있다.

취재진은 낡은 목조주택이 많은 이 지역 일대를 샅샅이 뒤졌지만 이 집을 찾지는 못했다. 주민들은 "부근 도로변 집이 여러 채 헐리고 정비됐다"고 한다. 어찌된 일인지 '노벨상의 작가' 파스테르나크를 아는 이조차 드물었다. 페름 시 공보실에도 두 차례 문의했지만 끝내 집의 위치를 확인할 수 없었다.

등잔 밑이 어둡다고 해야 할까. 아니면 옛 소련시절부터 30여 년이나 그를 외면하고 평가절하해 온 탓인가. 서방 세계에 널리 알려진 파스테르나크는 정작 그의 조국 러시아, 명작의 주무대인 우랄지역 페름에서는 아직 낯선 이름이었다.

정보화산업 선도로 첨단 러시아 일군
우랄공업지대 중심도시

페름은 볼가 강의 지류 카마 강을 낀 우랄공업지대의 중심에 자리잡고 있다.
인구는 약 105만 명. 광업과 기계공업 · 조선 · 목재 · 제지 · 자동차
항공기 산업 · 석유화학 공업이 두루 발달한 산업도시이다.

대외 교류와 교역이 활발해서일까. 페름 주정부 공보실은 취재진이 방문할 만한 대표적인 공장 몇 곳을 추천하고 회사 관계자에게 직접 연락을 취해 주는가 하면 가즈사의 2000년형 고급 승용차까지 값싸게 이용할 수 있도록 편의를 봐 주었다. 외국 취재진을 세심하게 배려해 주는 것이나 이곳 겐나디 이구노프 주지사가 일주일에 한 번씩 꼭 기자회견을 갖는다는 얘기로 미루어 볼 때 주정부가 대내외 홍보에 열심인 것을 알 수 있었다.

정보통신사들 급속한 통폐합 추진, 인터넷 이용률 폭발적 증가

취재진은 공보실에서 소개해 준 기업 가운데 정보통신 업체 몇 곳을 살펴보기로 했다. 지난 10여 년 간 개혁 · 개방을 추진해 온 러시아 사회가 인터넷 등 정보화의 물결을 어떻게 맞고 있는지 궁금했고, 그간 시베리아 주요 도시를 여행하면서 호텔 방에서 국제전화를 걸지 못해 호텔 비즈니스 센터를 들락거려야 하는 등 통신 문제로 적잖은 불편을 겪은 터이기도 했다.

'페름의 남대문시장' 이라 불리는 중앙시장에서
상인이 고객들에게 양탄자를 펼쳐보이며 흥정을 벌이고 있다.
오른쪽은 중앙시장 입구.

　　정보통신 회사 우랄스뱌진포름은 페름
한복판 레닌거리에 있었다. 회사 건물에
들어서니 좌우로 전화부스가 즐비하다. 다
른 지역에서는 볼 수 없던 휴대전화 사용
자가 건물 로비에서 여러 명 눈에 띈다.
　　페름을 비롯해 우랄 전역에 전화, 휴대
전화, 무선전화, 호출기 등을 공급하는 이 회사의 종업원은 8천 명, 지난 해 매
출은 150억 루블약 5억5천만 달러이었다. 블라디미르 포포프 국제영업이사는 "1994
년 세워졌지만 매출 규모는 모스크바 · 상트페테르부르크 · 크라스노야르스크
등 러시아 정보통신사들에 이어 5위이고 디지털기술 면에서는 최상위권"이라고
자랑한다.
　　러시아의 정보통신사는 서비스 지역을 넓히기 위해 급속한 통폐합을 추진하
고 있다. 종전 86개 사가 최근 7개 사로 통폐합되고 있고, 우랄지역 회사들도 조
만간 우랄스뱌진포름을 중심으로 하나가 된다는 것이다. 그는 "7개 사로 통합된
뒤로도 기술면에서는 우랄스뱌진포름이 주도할 것"이라고 자신감을 보였다.

페름국립대학 컴퓨터실에서 통신을 이용해 인터넷을 즐기는 학생들.

1997년 시작된 페름 지역 인터넷 서비스 이용도 폭발적인 증가세를 보이고 있다고 한다. 도시마다 인터넷 카페가 여기저기 생기고 대학 컴퓨터실은 인터넷 이용자로 붐빈다는 것. 그는 "이런 추세로 보면 통신 · 정보사업은 앞으로 더욱 번창할 수밖에 없다"며 "정보화가 진전될수록 러시아는 훨씬 개방된 사회가 될 것"으로 내다봤다.

시베리아 철도 역마다 통신 서비스

이어 방문한 곳은 시베리아횡단철도 역마다 전자교환기를 설치한 마리온사였다. 1956년 국영으로 세워진 이 회사는 1993년부터 민영화를 시작해 지금은 완전히 민간기업으로 탈바꿈했다.

이 회사는 최근 2년간 연방정부 철도부로부터 전자교환기 750개를 설치해달라는 주문을 받고 바이칼 이르쿠츠크 등 동시베리아 지역 150개 역에 이를 설치했다. 이 물량은 시베리아 전체의 절반 정도로 시베리아횡단철도의 교환기 중 40%에 해당된다. 종전 30회선에 불과하던 옛 교환기 케이블은 디지털 시대에 대비해 이번에 2000회선으로 늘어났다. 이 회사 발레리 스트루크 사장은 "시베리아횡단철도는 새로운 통신망을 완비해 이제 어느 역에서든 화물의 위치를 손쉽게 파악할 수 있다"고 했다.

마리온사는 평양~서울 간 교환기 설치 등의 협력사업도 추진 중이다. 그는

전자교환 시설을 생산하는 마리온사 내부.

"평양에 설치된 자동전화 시스템은 본래 옛 소련제이기 때문에 새 것으로 바꾸려면 러시아의 기술이 필요하다"고 했다. "교환기 설치사업에서 한국의 통신회사와 손잡을 수도 있을 것"이라는 기대를 내비치기도 했다.

시장 경제 도입으로 홀대받는 지식층

뒤이어 취재진이 찾아간 곳은 페름국립대학. 1916년 풍부한 자원 개발을 겨냥해 우랄지역에서 가장 먼저 세워진 대학이다. 교수진은 800여 명. 학생은 주간 8000명을 포함해 모두 1만 5000명이다.

대학 행정 실무를 총괄하는 이 대학 마카리힌 유리예비치 교수는 "연방정부와 주정부가 지원해 주지만 대학 운영에는 어려움이 많다"며 "현재는 학생의 40% 정도만 돈을 내고 다니지만 앞으로 돈 내는 학생의 비율이 점점 많아질 전망"이라고 말한다.

학생들이 내는 학비는 연간 1만~1만 6000 루블약 40만~64만원. 경제학과 같은 인기학과는 학생이 몰려 학비가 비싼 편이다. 그는 "대우가 좋은 박사교수의 봉급이 100달러 안팎이지만 월급이 올라가는 것보다 컴퓨터나 연구시설이 제대로 갖춰졌으면 더 좋겠다는 게 교수들의 간절한 바람"이라고 했다. 시장경제가 도입되면서 상대적으로 홀대받는 러시아 지식인에게는 요즘이 가장 힘겨운 시절인 듯하다.

26 · 니주니 노브고로드-1
러시아의 돈주머니
시장경제 개혁 이끈 '빵의 황제' 장 류보미르

우랄산맥 서쪽의 페름에서 취재진은 다음 목적지를 니주니 노브고로드로 잡았다.
바트카를 거쳐 다닐로프~야로슬라블~모스크바로 이어지는
시베리아횡단철도의 마지막 노선을 살짝 비켜 돌아가기로 한 것이다.

모스크바에서 400km쯤 떨어진 니주니 노브고로드는 인구 150만 명으로 러시아에서는 세 번째로 큰 도시다. 이런 큰 도시를 그냥 지나칠 수는 없는 일이다. 게다가 필자는 이곳에서 사업가로 크게 성공한 고려인 3세 장 류보미르 회장이 그의 회사 건물에 '한인문화센터'를 마련해 한국어와 한국 전통예술을 가르치고 있다는 얘기를 들은 바 있어 한번 만나보고 싶기도 했다.

유럽 · 아시아 무역상 몰리는 경제 · 군사 · 과학 · 전략 요충지

다차에 가 있다는 장 회장을 찾아가려고 비서와 약속한 시간은 오후 4시. 취재진은 그 시간까지 시내를 구경하기로 했다. 고리키가 어린 시절 살았던 집과 고리키 박물관을 돌아본 뒤 '크렘린성채'을 찾았다. 16세기 초 세워진 크렘린은 볼가 강변의 높은 언덕에 자리잡고 있었다.

크렘린에는 망루 11개가 있는데 옛 원형은 모두 사라졌고 외벽은 현대식 붉은 벽돌로 덮여 있다. 입구 안쪽은 바깥쪽 거리 못지않게 사람들로 붐빈다. 주정부

니주니 노브고로드의 크렘린. 16세기 볼가 강변 언덕에 세워진 이 성채 안에는 주정부와 시청 등이 들어서 있다.

와 시청 건물, 미술박물관과 17세기에 세워진 미가엘 천사장 교회 등 관청과 유적이 함께 들어서 있다.

볼가 강과 오카 강을 낀 이곳은 전략적 요충지로 1221년부터 도시가 형성됐다. 18세기부터 무역시장이 서고 조선소가 생기면서 유럽과 아시아 일대에서 무역상이 몰리는 경제도시로 성장했다. 이 때문에 "상트페테르부르크가 러시아의 머리요 모스크바가 심장이라면, 니주니 노브고로드는 돈주머니"라는 말이 전해온다.

국가 독점 시장체제 개혁한 최고 우등생

1917년 볼세비키혁명 이후 이 지역에는 차츰 방위산업체가 많이 들어섰다. 군사·과학도시로서의 중요성 때문에 이곳은 1930년부터 외국인의 출입이 일절 금지됐고 1991년에야 비로소 개방됐다. 그간 사회주의 리얼리즘을 대표하는 작가 막심 고리키1868~1936의 이름을 따 '고리키'로 불려왔으나 개방 이후 옛 이름을 되찾았다.

니주니 노브고로드는 러시아 전역에서 시장경제 개혁의 '최고 우등생'으로 꼽힌다. 펩시와 코카콜라는 물론 필립모리스, 제너럴일렉트릭 등 쟁쟁한 서방 기업들이 현지 공장을 세우거나 합작을 하고 있다. 놀랍게도 이같은 변화를 이끈 주역은 30대의 젊은 지도자였다.

1991년 옐친의 측근으로 일하다 32세 때 이곳 주지사로 임명된 보리스 넴초프는 150개에 이르는 집단 농장을 과감히 사유화했고 외국 투자자에게 각종 세제 혜택을 줌으로써 숱한 외국 기업과 자본을 유치했다. 이같은 실적에 힘입어 넴초프는 1997년 38세 때 러시아 제1 부총리로 전격 발탁됐고 한동안 바른당 당수를 지냈다.

장 회장이 사업가로 도약하는 데는 넴초프와의 만남이 중요한 계기가 됐다. 당시 30대 초반의 두 젊은이는 "국가 독점의 벽을 깨뜨려야 한다"는 데 의기상통했던 것이다.

빵의 황제, 고려인 장 류보미르

시내에서 자동차로 한 시간 남짓 떨어진 곳, 온통 숲으로 둘러싸인 다차에서 그는 곡절 많은 그의 인생 역정을 들려줬다.

"1991년 새 주지사 넴초프가 빵 부족 문제를 어떻게 하면 해결할 수 있을지 묻기에 그 생산과 공급을 민간 업자에게 맡기라고 제안했지요. 시장개혁론자였던 주지사는 이 말을 흔쾌히 받아들였습니다."

당시만 해도 생산성이 낮은 집단 농장과 경직된 식량공급 체계로 러시아는 이미 만성적 식량난에 허덕이는 형편이었다. 어느 도시건 식품점 앞에는 늘 빵을 사려는 사람들로 장사진을 이루었다. 주정부의 권한을 위임받은 그는 공장을 확장, 밀가루와 빵 생산을 늘렸다. '설악산'이라는 이름으로 식품회사를 차린 지 10년이 지난 오늘, 그는 '린덕'이라는 그룹 아래 직원 2000여 명을 두고 하루 50 t 의 빵을 생산하는 빵공장과 거대한 밀가루 공장 두 곳을 이끌고 있다. 러시

화려한 야경을 자랑하는 '린덕 곡물회사' 본사 건물과 드라마센터.
왼쪽은 빵의 황제, 장 류보미르.

아 군대와 경찰에도 빵을 납품할 뿐 아니라 40여 도시에 지사를 두고 있다.

그의 성공을 계기로 1993년 러시아 정부는 전국의 빵공장을 민영화하는 법안을 만들었다. 그는 니주니 노브고로드 주에서 대통령으로부터 명예훈장을 받은 첫 사업가가 됐고, 1998년에는 주 의원에 뽑혔다.

잊혀진 한국 전통 일깨우고자 한국문화센터 운영

린덕 회사 건물은 니주니 노브고로드 한복판 드라마센터 옆에 자리잡고 있다. 이 건물 1층에 마련된 한국문화센터는 그의 누나 라리사가 돌본다. 나중에 이곳에 다시 들렀을 때 고려인 젊은이 10여 명이 국악에 맞춰 부채춤과 북춤을 익히

한국문화센터에서 한국 전통 무용인 부채춤과 북춤을 익히는 고려인 여성들.

니주니 노브고로드.

고 있었다. 주말에는 여기서 한국말 강좌도 열린다. 그의 동생 게르만은 태권도 학교 사범으로 10년 동안 이 도시에서 제자 3000여 명을 길러냈다.

"중앙아시아에 강제 이주 당한 고려인은 수십 년간 한국말을 쓰지 못했습니다. 스탈린이 법으로 이를 금했기 때문입니다. 러시아 고려인이 한국말을 못하게 된 데는 이런 배경이 있습니다. 잊혀진 한국말과 아름다운 문화예술 전통을 일깨워 고려인의 자부심을 드높여야 합니다. 모국에서도 힘을 보태줬으면 합니다." "요즘 한·러 무역이 늘어가는데도 변변한 한국의 문화예술 공연 한번 열지 못하는 게 아쉽다"고 말하는 그는 취재진과 저녁식사를 마친 뒤 다소 서투른 발음이지만 조용필의 '일편단심 민들레야' 를 구성지게 불렀다.

"콩밭 매는 아낙네야…" 그의 아들 비톨리20세도 한국에서 아버지가 사온 CD로 익혔다며 '칠갑산' 의 노랫가락을 가슴을 쥐어짜듯 뜨겁게 토해냈다.

한국 이름 '설악산' 으로 출발해 '빵의 황제' 가 된 그는 요즘 제빵분야에서 한국 기업과의 현지 합작을 추진하고 있다.

27 · 니주니 노브고로드-2
소외계층의 아픔 문학으로 대변
막심 고리키의 고향

니주니 노브고로드는 〈어머니〉의 작가인
막심 고리키(1868~1936, 본명 알렉세이 막시모비치 페쉬코프)의 고향이다.
그가 어린 시절을 보냈고 작가로서의 명성을 얻은 후
한동안 살았던 집이 시내에 그대로 남아 있다.

크렘린에서 걸어서 10여 분 정도의 거리에 위치한 코발리힌스카야 거리, 고리키가 어릴 때 외할머니 외할아버지와 함께 살았던 목조건물 앞에는 마침 현장학습을 나온 러시아 청소년 20여 명이 인솔 여교사의 설명에 귀를 기울이고 있었다. 취재진도 한동안 이들 뒤켠에 서서 통역을 통해 고리키의 소년시절 얘기를 귀동냥했다.

니주니는 일찍이 고아로 떠돌이 생활을 했던 고리키가 '일하는 자가 곧 세상의 주인'이라는 생각, '프톨레타리아 무산계급의 의지로 세상을 바꿔야 한다'는 사회주의 신념의 싹을 키운 곳이다.

시와 설화 속 영웅 이야기에 심취한 어린 날, 품팔이로 전전한 청소년기

고리키는 3세 때 아버지를 여의고 이곳 외가에서 11세 때까지 지냈다. 어머니는 재혼했다가 고리키가 9세 되던 해 숨졌다.

고아가 된 어린 고리키는 외할머니가 들려주는 시와 설화 속의 영웅들 얘기에

고리키가 소년 시절에 뛰어놀았음직한 빈 터. 바위 위에 앉아 있는 소년 고리키 상.

흠뻑 빠져들곤 했다. 그러나 외할아버지가 운영하던 염색 공장이 파산하는 바람에 초등학교 3학년을 다니다 그만두었고 그것이 그가 받은 정규교육의 전부였다.

그가 자란 외할아버지 집에는 그 시절에 흔히 쓰이던 사모바르러시아식 주전자와 투박한 가구 외에 별다른 게 눈에 띄지 않았다. 가축을 길렀는지 밖에는 외양간이 있고, 고리키가 뛰어놀았음직한 빈터에는 소년 고리키 상이 바위 위에 비스듬히 앉아 있다.

고리키는 외가에서 가난과 구박에 시달리며 여기저기 품팔이를 하다 결국 도망쳐 나왔다. 곳곳을 떠돌면서 그릇닦기, 성상聖像 복제, 건축-부두노동, 빵공장 점원 등 밑바닥 생활을 경험한다.

고리키가 태어난 19세기 중반은 러시아 민중의 수난시대였다. 1만이 채 안 되는 귀족이 전 국토의 대부분을 차지하고 있었고 4천만이 넘는 농노가 이들에게 예속돼 있었다. 1861년 차르황제의 내정개혁으로 농노해방이 선포됐지만 자립 기반이 없던 농민 대다수는 여전히 헐벗고 굶주리며 노예와 다름 없는 생활을 했다.

고리키가 어린 시절 외할머니와 살던 집(위). 고아가 된 고리키는 11세 때 이곳을 뛰쳐나가 떠돌이 생활을 시작했다. 왼쪽은 고리키박물관. 고리키는 이 집에서 34세 되던 1902년부터 2년 동안 지냈다.

헐벗고 굶주린 계층, 문학으로 대변

고리키는 16세 때부터 고향을 떠나 카잔, 우크라이나 볼가지방, 크림 코카서스 등지로 떠돌며 하층민들과 어울렸다. 없는 자의 좌절, 가진 자와의 불평등한 사회 현실에 눈뜨면서 그는 점점 노동자와 농민을 대변하는 투사로 변모해갔다. 지하학습노조를 만들고 파업 투쟁을 벌이기도 했으며 감시의 눈총 속에 인민 해방 사상과 문학에의 열정을 키워갔다.

1905년 차르의 압정과 러·일전쟁 패배로 더욱 피폐해진 농민들의 분노가 극에 달한 가운데 벌어진 '피의 일요일' 제1혁명 당시, 고리키는 친위대의 무자비한 학살에 항의해 격문을 썼다가 체포돼 감옥에 가기도 했다. 1906년부터는 차르정부의 탄압을 규탄하고 볼셰비키당의 사업 자금을 모으기 위해 1913년까지 미국을 거쳐 이탈리아 카프리 섬에 오래 머물렀다.

생애를 통해 수많은 장·단편 소설과 희곡 등을 집필한 그의 작품 속 주인공은 대부분 농부나 부랑민·목수·집시·좀도둑·범죄자·탈주병·공장 노동자 등 하층 사람이다. 그 중 〈어머니〉는 평범한 소시민인 어머니가 아들의 노동운동을 돕다가 노동투사로 바뀌어가는 과정을 그린 작품으로 사회주의 리얼리즘의 효시로 알려져 있다.

니주니 근교 공업지대에서 실제 있었던 노동운동을 배경으로 한 이 소설은 미국에서 1906년 처음 출판됐으며 후일 그가 제창한 사회주의 리얼리즘은 러시아와 사회주의 진영의 문단을 풍미했다. 그러나 예술의 자유를 제한하는 교조적인 틀로 평가되면서 1950년대 중반부터 차츰 입지가 흔들리게 된다.

이미 신예 작가로 주목받던 고리키는 30세 되던 1898년 니주니로 돌아왔다. 이듬해 자산계급의 몰락을 그린 중편 소설 〈포마 고르제예프〉가 단행본으로 나오면서 그의 명성은 러시아 전역에 알려졌다.

고리키가 1902년부터 2년간 살았던 집, 현재 박물관으로 쓰이고 있는 이 집은 저녁이면 각종 좌담회와 연구회가 열리던 니주니 문화의 중심이었다.

고리키박물관 직원은 전시물 설명에 앞서 "그는 빈민 가정 아이들의 후원회를 만들고 부랑아를 위해 숙사를 지었다."며 고리키의 지역 활동 내용을 소개했다.

혁명운동 함께 한 레닌의 동지

작가 고리키와 정치가 레닌은 1905년 혁명운동을 벌이면서부터 각별한 우정을 쌓아간다. 레닌은 고리키를 '형님'이라고 불렀고 고리키는 그를 '완벽한 인간'으로 여길 만큼 존경했다. 하지만 이들의 관계도 몇 차례 기복을 겪는다. 특

고리키박물관 내부.

히 1917년 10월혁명 이후 몇 년 동안 고리키는 레닌과 결별했다. 혁명의 이름으로 자행되는 온갖 잔인하고 부당한 인민재판, 약탈과 중상모략 등 무정부주의적 행태에 대한 실망 때문이었다.

'결과만 좋으면 되는 게 아니라 매순간의 과정도 중요하다'는 생각을 지닌 고리키는 레닌에 대해, "레닌은 사회 혁명 과정에서는 어떤 종류의 죄악도 허용된다고 믿고 있다"며 비판했다. 그러나 정치가 레닌에게는 '과정과 절차상의 문제보다 최후의 승리'가 훨씬 중요했다. 레닌은 고리키가 좁은 시야에서 벗어날 것을 요구하면서 "신생아의 탄생에 어머니의 산고産苦가 불가피한 것처럼 잠시의 혼란이 두려워 혁명을 중단해서는 안 된다"고 강조했다.

결국 고리키는 레닌의 견해에 수긍했다. 노동자를 옹호했던 고리키는 가진 자의 착취와 박해는 맞서 투쟁해야 한다고 생각했다. 노동자들을 의식 있는 인간

고리키박물관에 견학 온 러시아 어린이들.

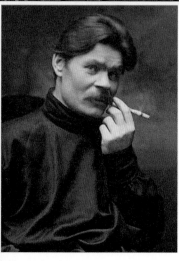

작가가
생전에 쓰던
가구가
보관돼 있는
고리키박물관
내부와
생전의 고리키.

으로 일깨우는 일이야말로 프롤레타리아 문학의 본령이라고 믿었다.

그는 톨스토이와 도스토예프스키를 "세계 문학사에 1급 작품을 남긴 천재적 예술가"라고 평하면서도 '도덕적 자기 완성'이나 '악에 폭력으로 맞서지 말라'는 등의 설교는 바보같은 말이라고 비판했다.

니주니 노브고로드의 고리키공원에 있는 고리키 상.

사회주의 실현된 조국에 감격, 그러나…

지병인 결핵이 도져 러시아를 떠났던 고리키는 1931년 10년만에 고국땅을 밟는다. 그는 차르의 전제專制가 무너지고 깊은 잠에서 깨어나는 러시아, 일체의 불행과 죄악의 뿌리로 여겼던 사유제가 없어진 사회주의 조국을 보며 감격했다.

노동자 농민을 일깨워 인간다운 삶의 길로 이끌고자 했던 그의 노력은 순수하고 열정적이었다. 그러나 그가 외쳤던 사회주의 혁명과 투쟁의 문학정신은 오늘날 빛을 잃었다.

그가 죽은지 50여 년, 레닌 혁명 70년만에 소비에트 정권도 막을 내렸다. 그가 노동 인민의 이상을 실현할 수 있는 유일한 길이라고 확신해 마지않던 정권은 인민의 굶주림조차 해결하지 못한 채 역사의 뒤안으로 사라진 것이다. 만일 그가 되살아나 '황금에 의해 지배되는 마귀의 나라' 미국의 자본주의를 배우려고 애쓰는 오늘의 러시아를 본다면 과연 무슨 말을 할 것인가.

위대한 작가이자 혁명가로 촉망받던 그의 예측은 턱없이 빗나갔다. 유토피아 사회건설을 꿈꾸던 레닌의 미래 예측도 빗나갔다.

레닌이 고리키에게 강조했던, "현실은 언제나 그 어떤 위대한 인물이 상상하는 것보다 풍부하고 다양하다"는 말의 의미가 새삼 가슴에 다가온다.

세계는 늘 그 어떤 도그마로도 규정지을 수 없는 무량無量의 크기와 깊이와 변화의 가능성을 안고 있는 것 아닌가.

28 · 니주니 노브고로드-3
사하로프 유배지
영웅의 길 버리고 반역과 고난 택한 러시아 최고 두뇌

니주니 노브고로드는 옛 소련의 반체제 물리학자이자
1975년 노벨평화상을 받은 안드레이 사하로프1921~1989 박사의 유배지였다.
수소폭탄 개발의 주역이었던 그는 평생 누릴 수 있는 최고의 명예와
영화榮華를 포기하고 반역과 고난의 길을 택했다.

소련 정부의 핵 확산정책과 야만적인 침략행위, 제도화한 인권탄압에 맞서 투쟁에 나선 사하로프는 온갖 시련을 딛고 마침내 '양심의 승리'를 온 세계에 실증했다. 니주니 시 외곽 가가린 거리 부근 그가 유배생활을 한 아파트는 지금 사하로프 박물관이 돼 있다.

휴대용 라디오가 세상과의 유일한 통로

스탈린식의 성냥곽처럼 생긴 12층짜리 아파트 건물 1층, 사하로프가 쓰던 책상과 침대 소파 등이 보관되어 있는 아파트는 사하로프가 7년간 비밀경찰의 감시를 받으며 지낸 곳이다. 꾸밈이라고는 찾아볼 수 없는 단출한 세 개의 방은 오직 생존을 위한 최소한의 공간이었음이 한눈에 느껴진다.

박물관 안내인은 사하로프가 이 아파트에서 얼마나 참담한 생활을 했는지를 이야기해 주었다.

"사하로프는 이곳에서 바깥 세상과 차단된 삶을 살았어요. 그가 서방국가의

사하로프가 쓰던 방. 맞은 편 아파트에서는 비밀경찰이 상주하며 사하로프의 일거수 일투족을 감시했다.

소식을 들을 수 있는 유일한 통로는 휴대용 라디오 한 대뿐이었으나 그마저도 전파 방해로 집에서는 들을 수 없었지요. 그는 산책 겸 BBC나 미국의 소리 VOA 방송을 듣기 위해 라디오를 들고 1.6km쯤 떨어진 변두리나 묘지 같은 곳을 찾곤 했습니다."

바람 부는 황량한 벌판이나 묘지를 찾아다니며 라디오에 귀 기울이는 사하로프. 러시아 최고의 두뇌로 촉망받던 천재는 그렇게 외진 땅에서 열린 세계를 갈구하며 그를 꼼짝 못하게 묶어놓은 체제와 힘겨운 싸움을 벌여야 했다.

"맞은 편 아파트에서는 비밀경찰들이 24시간 사하로프의 방을 감시했지요. 그가 상점에 가든, 전화를 걸러 나가든 반드시 경찰이 따라붙었어요. 사하로프를 찾아오는 방문객들조차 경찰에 끌려가 철저한 조사를 받았기 때문에 나중엔 방문객의 발길마저 끊겨버렸습니다."

사하로프박물관의 전시물.

　　최근 박물관측은 사하로프가 살았던 이웃 아파트를 확보해 전시공간을 넓히고 사하로프의 투쟁 내용, 세계의 지식인과 인권단체가 그에게 보낸 격려문 등을 전시해 놓았다.

수소폭탄 개발 주역의 영예 버리고 핵 감축·평화·인권 위해 투쟁

　　사하로프는 26세 때 이론물리학 박사학위를 얻고 32세의 젊은 나이에 소련과학원 정회원이 되어 1950년부터 '이고리 탐' 등과 함께 군사 목적의 비밀 연구 시설에서 수소폭탄 개발에 몰두했다. 그리고는 미국보다 먼저 수소폭탄 개발에 성공함으로써 소련이 군사적 초강대국의 입지를 확보할 수 있게 했다.

　　그러나 핵실험 때 나오는 방사성 낙진이 수십·수백 만 인구의 건강과 환경을 치명적으로 위협한다는 사실을 알게 되었고, 연구가 진행될수록 핵개발사업의 범죄성에 고민했다. 수백만 인구가 마시는 상수도 수원水源에 독약이나 세균을 풀어놓는 것과 다름없는 행위가 핵개발 사업이라 여겼다.

1961년 사하로프는 대기 중에서 100메가톤짜리 열핵폭탄 실험을 하려는 흐루쇼프의 계획에 반대하고 나섰다가 좌절을 겪는다. 흐루쇼프는 "과학자가 왜 정치에 간여하는가"고 그를 힐난했다.

1968년 그는 서방세계에 펴낸 〈진보·공존 그리고 지적 자유〉라는 책에서 미·소 등의 핵 감축과 사회·민주진영의 평화공존을 촉구한 후 1970년 몇몇 물리학자와 함께 인권위원회를 만들었다. 이듬해 인권운동가 엘레나 보네르와 재혼했고 인권을 짓밟는 각종 제도의 해악과 탄압에 맞서 투쟁을 본격화했다.

암울한 시대 닫힌 사회 개방 일깨운 선각자

1975년 그는 노벨평화상을 받게 되지만 소련의 아프가니스탄 침공을 공개 비난했다는 이유로 얼마 후인 1980년 1월 22일 긴급 체포됐다. 이미 오래 전에 그에게 주어졌던 '영웅' 칭호와 국가 훈장 등 모든 명예와 공적을 박탈당한 채 외국인의 출입이 금지된 니주니로 유배됐다.

니주니 노브고로드의 크렘린 밖에서 바라본 볼가 강.
강변을 따라 왼편 시 외곽을 30여 분 정도 차로 달리면 사하로프가 7년간 유배의 시간을 보낸 아파트가 있다.

소련 당국은 사하로프의 투쟁을 잠재우기 위해 온갖 감시와 박해 수단을 동원했다. 1984년에는 인권 투쟁의 동반자로 외부 세계와 가교 역할을 해주던 그의 아내가 국가모독죄로 5년 유형을 선고받고 그와 함께 니주니에서 유배 생활을 했다. 그가 유배되기 전 모스크바대학교에서 신문학을 공부하던 의붓딸은 퇴학당했고 기사였던 그녀의 남편은 직장을 잃었다. 며느리는 미국에 있는 남편과 합류하기 위한 출국을 금지당했다.

그러나 그가 유배지에서 벌인 단식투쟁 사실이 온 세계에 알려지며 비난 여론이 들끓었다. 소련 당국은 단식 17일만에 그녀의 출국을 허용했다.

사하로프가 안질과 심장병 치료가 필요한 아내의 서방 출국을 허용해 달라는 단식투쟁을 벌였을 때는 성난 탄압자들이 그의 사지를 병원 침대에 묶은 뒤 코를 막고 음식을 강제로 밀어넣기까지 했다.

그가 공들여 쓴 회고록 원고는 그새 세 차례나 도난 또는 압수당했다. 그에게 오는 모든 편지는 검열을 거쳐야 했다. 상당수는 배달조차 되지 않았다. 거짓 보도도 부지기수였다. 사하로프는 "우리에 관한 어떤 보도도 자식들과의 통화로 확인된 게 아니면 믿지 말라"고 서방세계에 당부할 정도였다.

사하로프박물관 내부.

아파트에 전화 가설,
고르비가 석방 소식 알려 줘

1987년 12월 15일 밤 늦은 시각 KGB요원 두 명이 사하로프 박사의 아파트를 찾아왔다. 이들은 데리고 온 기술자를 시켜 전화기를 설치한 뒤 '내일 모처에서 전화가 올 것'이라고 했다.

다음날 고르바초프 대통령에게서 전화가 왔다. 사하로프의 석방 사실을 직접 알려주는 전화였다.

반역자로 손가락질 당했던 사하로프와 그의 아내 보네르는 마침내 명예를 되찾고 모스크바로 복귀했다.

사하로프는 전국을 돌며 민주화와 개방을 촉구하고 인권의 소중함을 역설한다. 심장발작으로 숨지기 8개월 전 그는 인민대표대회 대의원으로 뽑혀 현실정치에 참여하기도 했다. 그의 사상과

사하로프와 그의 아내이자 인권운동가였던 엘레나 보네르.

주장은 시간을 두고 하나하나 실현돼 선지자적인 그의 면모를 확인시켜 주었다.

그가 숨진 이듬해 2월, '공산당의 지도적 역할' 을 규정한 소련 헌법은 그의 염원대로 삭제되었고 공산당의 권력독점 제도화는 막을 내린 반면, 소련의 붕괴를 막기 위한 방안으로 그가 주장했던, '진정한 주권을 가진 공화국의 자발적 연방 참여' 와 미 · 소 간 핵무기 감축은 상당부분 실현되었다.

사하로프, 그는 암울한 시대 닫힌 사회의 개방을 일깨운 선각자였다. 그가 오랜 시간 외로이 외쳤던 '광야의 목소리' 는 오늘날 러시아 골골마다 온통 개혁과 개방의 합창으로, 웅장한 교향악처럼 울려퍼지고 있다.

자동차산업 70년 역사 가즈社
밀려드는 외제차에 고전

러시아에서는 아무 차나 택시 영업을 한다. 본업으로 하는 차량도 있지만
거리에서 손을 들고 있으면 자가용이든 영업택시든 멈춰서 손님을 태운다.
취재 여행 중 필자는 경찰이 영업하는 자동차를 탄 적도 있었다.
우리로서는 선뜻 납득하기 어렵지만
한 사람이 두 세 가지 직업을 갖기도 하는 러시아 사회의 단면일 뿐이다.

거리에서 차를 잡으면 운임부터 흥정해야 한다. 현지 사정이나 러시아말을 모
르는 외국인으로서는 여간 불편한 일이 아니다. 여행 중 턱없이 비싼 요금을 요
구하는 운전사는 드물었다. 하지만 간혹 '바가지'를 씌웠다. 크라스노야르스크
같은 데서는 5~6분 걸리는 호텔까지 150루블을 달라는 운전사가 있었다. 보통
이라면 아마 40루블로 충분했을 거리다. 미터기를 갖춘 택시 영업은 이 나라에
선 아직 요원하다는 느낌이 든다.

볼가를 만드는 가즈사 박물관엔 각종 차량 모델 전시

러시아에서 새 차를 자가용으로 굴리는 사람은 상당한 부유층이다. 값이 싼
소형차만 해도 11만루블약 500만 원정도로 일반 노동자 4~5년치 월급과 맞먹기 때
문이다.

외제차는 더 비싸다. 그래도 페름이나 니주니 노브고로드 같은 유럽 러시아의
주요 도시에서는 대우의 시에로나 프랑스제 르노가 곧잘 눈에 띄었다. 생산지가

러시아 대표적 자동차회사인 가즈사의 중심부. 597ha의 부지에 엔진과 에어백 등 각종 부품공장과 조립 라인을 갖추고 승용차, 트럭, 마이크로버스 등을 생산한다.

가까워서인지 러시아제 승용차 '볼가'는 다른 지역보다 흔하게 볼 수 있었다.

니주니에서 취재진은 바로 이 볼가를 만드는 가즈사를 찾았다. 엄밀하게 얘기하자면 '가즈박물관'을 살핀 것이다.

이곳에 오기 2주 전부터 기자는 몇 차례에 걸쳐 취재 협조를 요청했다. 가즈사 관계자는 "결재가 떨어지지 않았다"는 말만 되풀이했다. 막판에는 "회사가 새 차를 개발 중이어서 공장 내부 시찰은 어렵다"고 했다.

보이고 싶지 않은 곳만 빼놓고 구경시키면 그만일 텐데 왜 이럴까. 외국에 자기네 회사를 홍보할 좋은 기회를 외면하다니… 그나마 가즈의 공보 담당 베레스토바 발렌티나가 회사 입구에서 취재진을 박물관까지 안내하고 각종 자료를 챙겨 주었다. 공장 곁에 있는 자동차 박물관 1층에는 가즈사가 만든 갖가지 자동차 모델이 전시돼 있었다.

'고리키 자동차 공장'의 첫 글자를 딴 '가즈'는 1929년 주식회사로 출범했다.

18개월만에 준공된 공장시설은 1932년 초부터 가동됐다. 미국 포드자동차회사의 기술 지원으로 '소비에트 포드'라는 '가즈-A'를 만든 이래 2007년까지 70여 년간 가즈사가 만든 자동차는 모두 1700만여 대. 1947년 헝가리에 처음 수

출된 '포베다승리라는 뜻'를 비롯해 볼가와 국민트럭 '가즈-66' 등은 국내외에 널리 알려져 있다.

트럭과 미니버스 최다 공급, 러시아 자동차산업의 쌍두마차

가스는 아프토바즈와 함께 러시아 자동차 산업의 '쌍두마차'였다. 전국에서 생산되는 차량 가운데 트럭 등 중·대형차의 절반, 미니버스의 3분의1, 승용차의 10% 정도를 이 회사가 공급해왔다. 597ha의 땅에 디젤엔진과 전기관련 부품, 승용차 에어백 등의 대형 부품공장과 각종 차량 조립라인을 두루 갖추고 있다.

전체 종사자는 8만 명. 2000년 이후 승용차 10만여 대, 중·대형차 10여 대

2000년 니주니 노브고로드 레닌광장에서 열린 가즈자동차 전시회.
왼쪽은 가즈자동차 언론공보담당 발렌티나.

등 해마다 대략 20만 대씩을 생산해 왔다. 가즈보다 규모가 큰 아프토바즈는 승용차 위주로 해마다 70만여 대를 생산했다.

볼가 등 승용차, 국내 생산의 12%

발렌티나는 "옛 소련이 해체되면서 군대와 농장에서 많이 쓰이는 중대형 트럭 수요가 격감했다"고 했다. 소형 버스는 꾸준히 잘 나가지만 중대형 버스는 그리 많이 팔리지 않는다고 한다. 주된 구매층인 행정부처 등의 예산이 넉넉하지 못한 까닭이다. 가즈사는 이에 따라 중소형 화물차와 밴, 마이크로 버스 생산에 주력하고 있다.

"회사는 최근 들어 근로의욕과 생산성을 높이려고 혁신적인 임금체계를 마련했다. 봉급 체계를 개개인의 노동 시간은 물론 회사의 영업 실적과 연동하는 방식이다. 이곳 노동자는 요즘 월 평균 100~200달러를 받고 있는데, 임금은 꾸준히 오르는 추세다." 발렌티나는 이처럼 경영방식이 바뀌면서 최근 공장 근로자의 자부심과 생산 의욕이 눈에 띄게 높아졌다고 했다.

러시아 전체의 자동차 생산량은 연간 약 110만 대 수준. 승용차가 약 95만 대, 상용차가 15만 대 이상이다. 승용차의 값은 최저 약 1500달러_{경승용차 '오카'}에서부터 7000달러_{2300cc 대형승용차 '가즈-3102'} 사이가 보통이다. 하지만 시민 등의 월 평균 임금이 100달러를 밑돌아 새 차를 보급하는 데는 어려움이 많다. 다만 러시아 경제가 좋아지고 있고 할부 판매제도가 보급되면서 새 차를 사려는 사람도 꾸준히 늘어나고 있는 추세다.

발렌티나는 "러시아 자동차 시장의 70%를 국내산이 차지하고 있지만 2001년부터 수입자동차의 관세가 낮아져 수입차 판매도 부쩍 늘고 있다"고 한다. 전체 인구의 약 5%를 차지하는 러시아 부유층은 국산보다는 고급 외제차를 좋아하기 때문이란다. 과거 싼값으로 러시아 자동차 시장을 독점해 온 러시아 업체들은 세련된 디자인과 성능을 앞세운 외국업체에 점점 밀려나고 있는 것이다.

2007년 러시아 국산 자동차의 점유율은 30%대 초반으로 떨어졌다. 연간 300만 대의 신차가 판매되고 있다. 이처럼 수요가 폭발적으로 늘고 있어 선진업체 간 시장확보 경쟁과 판촉이 날로 뜨거워지고 있다.

외제차로는 현대 자동차가 2006년 이후 해마다 10만 대가 넘게 팔려 인기를 끌고 있으며 우즈베키스탄에서 합작 생산된 대우 자동차도 연 5만 대가 넘게 팔려 왔다. 포드와 도요타, 닛산, 미쓰비시 등이 경합하고 있다. 여기에 완성차 수출 뿐아니라 이탈리아의 피아트 등이 가즈와의 합작으로 현지 조립생산에 나서고 있다.

30 · 모스크바-1
수백 년 된 사원과 기념관 즐비한 옥외 박물관

니주니 노브고로드에서 밤늦게 출발한 열차는 이른 아침
모스크바에 도착했다. 마침내 길고 긴 시베리아 횡단 노선의 종착역에 이른 것이다.
여장을 푼 곳은 크렘린 바로 곁에 있는 모스크바 호텔. 예전엔 열성 공산당원이
많이 애용했다는 이 호텔 객실은 거의 외국인 관광객의 차지가 돼 있었다.
취재진은 5일간 이곳에 머물며 시내 곳곳 유서깊은 예도藝都의 풍물에 심취했다.

러시아의 수도 모스크바는 인구 9백만의 대도시이면서도 도시 자체가 거대한
옥외 박물관 같은 느낌을 주었다. 도심 모스크바 강변의 언덕에 자리잡은 붉은
광장과 크렘린을 비롯해 시내 곳곳에 수백 년 된 사원과 수도원이 우뚝 서 있고
그 안에는 성화聖畵 등 갖가지 유물이 수두룩하다.

푸시킨 · 고골리 · 체호프 · 톨스토이 · 투르게네프 · 도스토예프스키 · 고리키
등의 작가, 작곡가 등 예술가가 살았던 집이 잘 보존돼 있으며 곳곳에 그들의
이름을 딴 거리와 기념관이 있고, 공원과 거리마다 그들의 동상이 서 있다.

정신적 유산 배어나는 예술의 거리

놀랍게도 모스크바에는 시내에만 20개 가까운 문학기념관이 있다. 이 가운
데 18~20세기의 러시아 문학 자료를 갖춰놓은 문학연구소를 제외하면, 나머지
는 모두 개인 박물관 또는 기념관이다.

문인들이 살았던 아파트와 집에는 그들이 쓰던 가구와 개인용품 등이 전시돼

모스크바 시내 야경.

있다. 아직 제대로 된 종합 문학박물관조차 갖추지 못한 우리에 비하면 이들이
예술과 문화를 얼마나 아끼고 사랑하는지, 얼마나 풍요한 정신적 유산을 향유하
고 있는지 실감할 수 있다.

러시아의 상징 '붉은광장'과 '성 바실리 사원'

붉은광장은 관광객으로 붐비고 있었다. '붉다'는 뜻의 러시아어, '크라스나야'
는 고어에서는 '아름답다'는 뜻을 지녔다고 하니 '붉은광장'은 곧 '아름다운 광
장'을 의미한다. 높은 크렘린의 옹벽과 중간 중간에 세워진 망루, 유럽의 고전적
인 장중함이 밴 굼백화점, 조형미가 뛰어난 성 바실리 사원과 국립역사박물관으
로 둘러싸인 이곳을 돌아보노라면 찬탄이 절로 나온다. 폴란드와의 전쟁, 나폴

219

모스크바 붉은광장에서 바라본
성 바실리 성당.

레옹의 침공 같은 험난한 역사 속에서 어떻게 이런 문화유산을 고스란히 지켜왔을까. 참으로 러시아의 저력이 돋보이는 현장이다.

러시아의 상징처럼 알려진 성 바실리 사원은 동심의 세계, 동화의 세계에 온 듯한 착각마저 불러 일으킨다. 이반 4세가 카잔의 승리를 기념해 세운 이 사원은 1555년부터 5년에 걸쳐 완성됐다. 황제는 이 사원이 완성된 뒤 더 이상 이처럼 아름다운 건물을 짓지 못하게 하려고 설계자 포스닉 야코블레프의 눈을 뽑아 버렸다는 이야기가 전해진다.

붉은광장은 길이 695m, 폭 130m로 넓이는 2만 2000여 평. 러시아의 심장부인 이 광장 한켠에는 사회주의 혁명의 아버지 레닌의 묘가 있고 그 바로 뒤에는 트로츠키와 스탈린 브레즈네프 안드로포프 체르넨코와 〈어머니〉의 작가 고리키 등 옛 소련의 최고 지도자들이 잠들어 있다. 크렘린의 장벽에는 또 체카소련 비밀경찰 KGB의 전신의 창시자인 제르진스키와 최초의 우주인 유리 가가린도 누워 있다.

레닌 묘도 붉은광장에 시신 이장 논란

장밋빛 화강암이 피라미드처럼 쌓여 있는 레닌 묘역은 자유롭고 느슨했던 주변 분위기와는 사뭇 달랐다. 입구를 지키는 보초병들은 오가는 여행객에게 눈길한 번 주지 않고 부동자세로 서 있었다. 막 임무를 교대하고 나온 군인들은 발을 쳐들고 기계인형처럼 손을 좌우로 흔들며 걷고 있었다. 관람객 사이에서 말소리라도 나오면 지키는 이들은 험상궂게 눈을 부라렸다. 그럴 때면 사람들은 숨소리조차 죽여야 한다.

국가의 영웅들을 기린다고는 하지만 너무 딱딱하고 냉엄한 이곳 분위기는 붉은광장의 아름다운 이미지에 이질감을 안겨준다.

소련 붕괴와 함께 무너진 레닌의 위상

1924년 1월 21일, 54세로 숨을 거둔 레닌본명 블라디미르 일리치 울리야노프의 시신은

221

종의 황제.

대포의 황제.

80여 년 동안 이 자리를 지키고 있다.

1917년 10월 혁명에 성공한 이듬해 레닌은 한 집회에서 총상을 입는다. 그 후 유증에 과로가 겹쳐 52세 때부터 몇 차례 몸져 누웠다고 한다.

그러나 그는 죽을 때까지 사회주의 국가건설을 놓고 고뇌했다. 병상에서도 〈협동조합에 관하여〉1923년 같은 논문을 썼다.

죽고 나서도 할 일이 남은 때문일까. 그는 영면永眠하지 못한 채 수많은 참배객과 관람객을 맞으며 아직도 국가에 봉사하고 있다.

노동자·농민의 이상사회를 꿈꾸던 사상가, 왕권을 뒤엎고 사회주의 나라를 세운 혁명가, 신처럼 추앙받던 '완벽한 인간'으로서 그의 위상은 옛 소련이 무너지면서 땅에 떨어졌다. 동유럽은 물론 소련 곳곳에서 그는 역사의 죄인으로 규탄을 받았고 그의 동상은 땅바닥에 끌어 내려졌다. 그의 시신조차 붉은광장에

아르바트 거리의 풍경들.

계속 두어야 할지를 놓고도 10여 년째 논란이 이어지고 있다. 최근 여론조사는 러시아 국민 55%가 그를 상트페테르부르크의 어머니와 누이 곁에 묻어줘야 한다는 생각을 갖고 있다고 한다.

삼각꼴 성벽으로 둘러싸인 28만km²의 크렘린 중심부에는 프레스코화畵로 가득 찬 우스펜스키 사원, 황제의 예배장소로 황금빛 9개 돔을 지닌 블라고베시첸스키 사원과 역대 황제의 시신 등 47구가 누워 있는 아르항겔스키 사원이 서 있다.

사원 광장의 한 가운데에는 이반 대제의 종루가 높이 치솟아 있고 그 가까이에 거대한 '대포의 황제', 무게 200 t 이나 되는 '종의 황제'가 있다.

휘황찬란한 네온 ··· 삼성-LG도

모스크바를 누가 잿빛도시라고 했던가. 숱한 문화유산과 도시 곳곳에 배어 있는 예술의 향취가 과연 아무런 꿈과 이상도 없이, 아무런 자긍심도 없이 거저 이뤄졌을 것인가. 어림없는 일이다. 원대한 꿈과 이상이 있고 뜨거운 열정이 있었기에 가능했을 것이다.

저들이 한동안 사회주의 체제에 젖어 있었다고, 경제적 좌절을 겪었다고 폄하할 바 아니요, 우리가 저들보다 자본주의와 시장경제를 먼저 익혔다고 으시댈 이유가 전혀 없다. 문화를 가꾸고 즐기며 보존하는 노력만 보더라도 저들은 우리보다 한층 앞서 있는 듯하다.

모스크바는 확실히 달라지고 있었다. 크렘린 입구 지하의 패스트푸드점은 수백 명의 손님으로 꽉 차 빈 자리를 찾을 수 없을 정도였다. 아르바트 거리에는 카페가 즐비했고 거리의 화가와 악사, 상인들은 러시아의 풍물을 팔고 있었다. 책방은 고객 중심으로 바뀌고 있었으며 책값을 확인한 뒤 계산대에서 돈부터 내고 그 영수증으로 책을 교환하던 예전의 복잡하고 불편한 방식은 사라지고 있었다. 모스크바 호텔이나 바라비요비參새 언덕에서 한밤에 내려다 본 이 거대하고 휘황찬란한 도시, 숱한 네온사인 속에 삼성과 LG 등의 간판이 크렘린 주변의 요지에서 빛을 발하고 있었다.

무소유의 구도적 삶, 톨스토이의 활동 무대
"내 인생의 마지막 몇 시간만이라도 당신만 바라보며 살 수 있도록…"

1910년 11월 7일 러시아 라잔 우랄철도의 '다스타포보'라는 작은 간이역.
82세의 레프 톨스토이1828~1910가 역장 집 침대 위에 누워 죽음을 기다리고 있었다.
정거장 주변에는 그가 위독하다는 소식을 전해 들은 마을 농부와
각지에서 찾아온 군중이 운집해 있었다.

사람들은 러시아의 대문호로 세인의 칭송이 자자하던 톨스토이가 갑자기 왜 외진 곳에서 앓아눕게 됐는지 의아해 했다.

아내와의 갈등 끝에 노구 이끌고 가출

당시 톨스토이는 부인과 가족들에게 '나를 찾지 말라'는 메모만 남기고 홀연히 가출해 코카서스로 가던 중이었다. 행선지는 밝히지 않았으며 평소 그의 건강을 돌보던 주치의와 수녀인 만딸이 동행하고 있었다. 겨울의 매서운 바람과 추위 속에 열차를 몇 차례나 갈아탄 때문이었는지 톨스토이는 심한 고열과 폐렴 증세를 보였고 여정을 중단할 수밖에 없었다. 톨스토이의 아내 소피아 베르스1844~1919는 남편 소식을 전해 듣고 서둘러 자녀들과 함께 열차 편으로 이곳에 도착했다. 하지만 남편이 누워 있는 방에는 들어갈 수 없었다. 그의 심기를 자극해 생명을 단축시킬지도 모른다는 우려 때문이었다.

톨스토이는 왜 말년에 가출을 했을까. 평생 사랑과 관용을 역설했던 '성자'인

'톨스토이의 집' 박물관. 목조 가옥으로 1882~1901년까지 늘그막에 집필활동을 했던 곳이다.

그는 왜 죽어가는 순간에 48년간이나 고락을 나눠온 아내가 곁에 오는 것을 원치 않았을까. 병들고 지친 노구를 이끌고 그는 낯선 타향에 가서 무엇을 하려고 했을까.

필자는 모스크바 여정에서 작품에 드러나지 않았던 그의 삶, 인간 톨스토이의 면모를 살필 수 있었다.

톨스토이와 그의 부인 소피아.

소박한 농촌생활 즐기던 명문가 출신 백작

크렘린에서 가까운 프레치스첸크 거리에는 작가의 초상화와 유품 등이 전시된 톨스토이 박물관이 있고, 여기서 다시 1km 남짓 떨어진 곳에는 톨스토이의 집 박물관이 있다.

톨스토이의 집은 목조 가옥으로 1882년부터 1901년까지 늘그막에 집필활동을 했던 곳이다. 톨스토이는 겨울이면 이곳을 찾아 〈이반 일리치의 죽음〉〈부활〉〈크로이체르 소나타〉와 희곡 〈어둠의 힘〉 등을 썼다. 이곳에는 그가 쓰던 책상이며 거실과 침실의 가구들이 예전의 모습 그대로 전시돼 있다.

"명문가에서 태어나 백작의 작위를 물려받은 톨스토이였지만 그는 평소 자연 속에서의 소박한 생활을 즐겼습니다. 그는 이곳 모스크바에서 남쪽으로 200km 떨어진 고향 야스나야 폴리야나에 학교를 세우고 스스로 농민교육에 발벗고 나섰습니다. 농노 해방운동에도 적극 참여했지요."

취재진보다 먼저 이곳에 온 일본인 관광객 인솔자가 박물관 입구에서 그의 삶에 대해 간단히 설명하고 있었다. 고향집에서도 그랬지만 톨스토이는 여기서도 아내와 침대를 따로 썼다고 한다. 부부생활을 절제해야 한다는 그의 금욕주의적 신념 때문이었다.

출산없는 *性*의 쾌락은 부도덕

궁정의사의 딸이었던 소피아는 18세에 34세의 톨스토이와 결혼했다. 남편의 사랑을 삶의 전부로 여겨온 그녀에게 남편은 항상 '저만치' 떨어져 있는, 손에 잡히지 않는 존재였다.

젊은 시절 한때 방탕한 생활을 했던 톨스토이는 종교적 관심이 깊어지면서 출산과 무관한 쾌락적인 성관계를 부도덕한 것으로 보기 시작했다. 아내가 임신을 하면 그는 자신의 침대에 오는 것조차 허용하지 않았다. 산모가 젖이 아파 유모를 두는 것에 대해서도 그는 어머니로서의 도덕적 의무를 포기하는 것으로 여겼다.

톨스토이.

소피아는 이런 문제로 톨스토이와 마찰을 겪을 때마다 그가 자신을 사랑하지 않으며 아예 여인으로 여기지도 않는 것 아닌가 하는 의문에 빠지곤 했다. 모두 열세 명의 자녀를 낳고 기르면서 〈전쟁과 평화〉 등 톨스토이가 쓴 어지러운 육필 원고를 30여 년 동안이나 손수 정서하면서도 남편에 대한 애증愛憎의 골은 깊어만 갔다. 나중에는 우울증과 신경불안이 그녀를 엄습했다. 집에는 톨스토이를 추종하는 '비천한 사람들'이 끊임없이 몰려 들었다. 그들은 몸에서 역겨운 거름 냄새를 풍겼고 깨끗한 마루를 더럽혔으며 음식을 게걸스럽게 먹어치우곤 했다.

나약한 인간성 극복 위해 고뇌한 구도자

소피아는 남편의 천재성을 존경했지만 그의 식어가는 애정과 무관심을 참고 견디기가 힘들었다. 그럴 때마다 소피아는 음악에 파묻히거나 좋아하는 사람을 방문해 정담을 나누고 만찬과 무도회 같은 화려한 생활에서 위안을 찾았다. 자신이 소망과 욕구를 가진 독립된 인간이라는 사실을 남편이 인정해주기를 바랐다.

그녀는 한동안 동화를 쓰고 출판사를 차려 톨스토이의 책을 출판했다. 하지만 톨스토이는 그의 제자이자 비서인 체르코프에게 저작권을 몰아주어 그녀에게 좌절감을 더해 주었다. 말년에 톨스토이는 아내에게 냉담한 태도를 취한 이유를 다음과 같이 설명했다.

"첫째, 나 자신이 점차로 세속적인 이해관계가 얽힌 문제들에 흥미를 잃게 되었으며 나아가서는 그것을 혐오하게 된 반면 당신은 그런 것을 포기하지 않고 있으며, 우리들은 인생의 의미나 목적에 대해 상반된 생각을 가지고 있었다는 것이오. 생활방식, 인간관계 심지어 생활수단인 재산까지도 나는 사악한 것이라고 여기는 반면에 당신은 그것을 삶에 있어서 없어서는 안 되는 조건이라고 생각하고 있었던 것이오…"

톨스토이는 당시의 전제왕권이나 사회제도의 폐해를 비판하면서도 이를 극복하는 방법으로 비폭력에 의한 인간의 도덕적 회생과 기독교적 인간애를 강조했다. 〈안나 카레니나〉 이후 종교적 관심이 더욱 깊어진 그는 자신의 모든 옛 작품의 가치를 부정하고 국민을 도덕적으로 일깨우는 민화적 작품을 많이 썼다. 그는 나약한 인간성을 극복하려고 죽는 날까지 고뇌했던 구도자였던 것이다.

평화와 고독 속에서 맞이한 최후

가난한 사람을 돕고자 돈을 필요로 하면서도 스스로 가난한 삶을 추구하는 남편의 이율배반적 태도를 아내 소피아는 이해할 수 없었다. 모든 것을 나눠주고 베풀기만 했을 때 그들 부부와 자녀들은 도대체 어떻게 살아야 한단 말인가.

톨스토이는 자신의 전 재산과 토지를 농민에게 나눠주려고 했지만 소피아는 본능적으로 톨스토이의 생활방식에 반발했다. '백작'이라는 호칭마저 듣기 싫어 조상으로부터 물려받은 작위爵位를 스스로 포기한 톨스토이와 달리 소피아는 '백작 부인'의 호칭을 끝까지 버리지 않았다.

말년에 톨스토이는 아내 곁을 떠나기로 작정하면서 글을 남겼다.

집안에서의 내 입장은 점점 참을 수 없는 지경에 이르렀소. 무엇보다도 이러한 사치스런 생활을 견딜 수 없소. 나는 내 나이 또래의 늙은이들처럼 지낼 것이오. 바로 이 비속한 생활을 떠나 내 마지막 날들을 평화와 고독 속에서 보내고 싶소….

그의 마지막 일기에는 또 이렇게 적혀 있다.

마음에 슬픔을 느끼며 잠자리에 들고 똑같은 슬픔을 느끼며 잠을 깬다.
나는 모든 걸 견딜 수 없다. 비를 맞으며 여기저기를 걸어다녔다.
아버지여, 생명의 근원이시여, 우주의 영이여, 생명의 원천이여.

책을 읽는 생전의 톨스토이.

나를 도와주소서. 내 인생의 마지막 며칠, 마지막 몇 시간이라도
당신에게 봉사하며 당신만 바라보며 살 수 있도록 나를 도와주소서.

톨스토이는 세속의 삶을 훌훌 털어내고 무소유의 영적 종교적 삶을 살고 싶어
했다. 그러나 아내 소피아는 남편의 세계를 이해하려 하거나 공감하지 못했다.
두 사람은 서로의 생각에 근접하기 위해 오랫동안 일기를 주고 받는 노력을 아
끼지 않았다. 그러나 뜻을 이루기는커녕 오히려 서로에게 더욱 깊은 절망만 느
낄 뿐이었다.

톨스토이는 세상을 향해 '사람은 무엇으로 사는가' '사람에겐 얼마 만큼의 땅
이 필요한가'에 대한 물음을 던지며 소유의 허무함을 끝없이 일깨웠다. 하지만
우리 역시 그의 아내 소피아처럼 '자유는 물론, 사랑을 위해서도 재물은 필요하
지 않느냐'는 반론을 되풀이하고 있다. 생활인이었던 소피아로서는 물질에 초연
한 구도자와 더불어 산다는 게 결코 쉬운 일이 아니었을 것이다.

톨스토이 가족이 사용하던 식당. 톨스토이 기념관에 보존되어 있다.

모스크바 근교 야스나야 폴리야나의 농장을 산책하는 노년의 톨스토이. 그는 1910년 숨진 뒤 이곳에 묻혔다.
이 사진은 톨스토이의 제자였던 체르코프가 찍은 뒤 후일 공개한 것이다.

톨스토이의 번뇌가 깃든 집, 소피아의 손때가 묻었을 식탁과 그릇 가구들을
보면서 필자의 뇌리에도 의문이 깊어졌다.

성聖과 속俗 무소유의 초월적 삶과 이재利財를 추구하는 세속의 삶은 그렇듯 어
울리기 어려운 것인가! 두 가지를 함께 하기가 정녕 힘든 것인가.

32 · 모스크바—3

열정의 짧은 생애
詩人 푸시킨의 고향

"굳이 문학도가 아니라도,
러시아 인이라면 누구나 푸시킨의 시 한 두 편쯤은 암송할 수 있습니다.
〈예브게니 오네긴〉이나 〈스페이드의 여왕〉 같은 장·단편 소설 줄거리와
등장 인물까지도 훤히 압니다.
그만큼 푸시킨은 누구에게나 친숙한 작가입니다."

통역을 겸해 취재진을 안내한 조현용씨. 이곳에서 고교를 졸업하고 모스크바 국립대의 러시아어 문학 석사학위까지 받은 그는, "러시아 사람들과 이야기하다 보면 그들의 문화적 소양에 깜짝 놀란 적이 한두 번이 아니었다."며 자신이 8년 동안 러시아에 살면서 느낀 점들을 기자에게 들려주었다.

문학을 즐기고 오페라와 연극, 발레를 많이 보아서인지 러시아에서는 평범한 시민도 한국의 학식 있는 문화예술인이나 문학교수 못지않게 해박한 지식을 갖고 있다고 한다.

푸시킨 기념관만 러시아 전역에 20여 곳

특히 알렉산드르 S. 푸시킨1799~1837의 작품은 러시아 사람들의 폭넓은 사랑을 받고 있다. 그는 시와 소설 등 각 장르에 걸쳐 새로운 전범이 될 작품을 많이 남겨 '러시아 근대문학의 스승'으로 추앙받고 있다.

러시아 전역에 그를 기리는 기념관만 20군데가 넘으며 붉은광장에서 가까운

아르바트 거리에 남아 있는 푸시킨의 신혼집(위)과
그 앞에 세워진 푸시킨과 그의 아내 나탈리야의 동상 앞에서
관광객들이 사진을 찍고 있다.

아르바트 거리에는 푸시킨의 신혼 시절 살림
집이 기념관으로 남아 있다.

취재진은 이곳을 잠시 둘러본 뒤 프레치스
첸크 거리에 있는 푸시킨 박물관을 찾았다.

박물관 건물은 웅장하고 현대적이었다. 푸
시킨이 태어나기 전후의 시대상과 풍물, 당
시의 모스크바 시가지 모습에서부터 작가의
육필 원고, 스케치화, 저작물, 오리깃털 펜,
개인용품과 주변 인물, 각종 자료 등의 다양한 전시물은 그가 걸어온 삶의 궤적
을 두루 보여주고 있다.

상트페테르부르크에 있는 푸시킨 박물관 앞. 관광객들이 입장을 기다리며 줄지어 서 있다.

맨 위는 신혼살림집 실내.
가운데는 푸시킨과 그의 아내 나탈리야의 초상.
오른쪽 맨 아래는 신혼살림집의 명패.

유서 깊은 귀족 가문의 후예

모스크바의 유서 깊은 귀족 가문에서 태어난 푸시킨은 상트페테르부르크 근교의 차르스코예 셀로황제의 사회주의 혁명 이후 이 지명은 푸시킨을 기념해 '푸시킨고로트'로 바뀌었다의 귀족학습원 학생 시절부터 빼어난 시작詩作으로 주목받았다. 시를 쓰면서도 졸업 후에는 의회민주주의를 신봉하는 데카브리스트의 혁명적 애국주의 사상에 심취했다.

공무원 생활을 하던 중 '자유' '차다예프에게' 등의 정치詩를 쓴 것이 화근이 돼 1820년 남러시아로 추방되었다. 하지만 유형지의 외로운 생활 속에서도 쉼없이 개성의 자유를 노래하며 〈보리스 고두노프〉 같은 사실주의적인 드라마 작품을 많이 썼다.

근위병들이 황제에게 반기를 든 데카브리스트 사건으로 유배되었으나 이듬해인 1826년, 데카브리스트와의 무관함이 밝혀져 모스크바로 돌아왔다. 하지만 〈예브게니 오네긴〉 같은 운문소설을 쓰며 귀족사회의 방탕과 무기력을 폭로하는 등 기득권층을 향한 날카로운 비판의 끈을 놓지 않았다. 이 때문에 그는 권력층의 미움을 샀고, 죽을 때까지 비밀경찰의 엄격한 감시 속에 지내야 했다.

'사교계 여왕' 아내의 사치로 빚더미에 허덕여

푸시킨 박물관 안내인은 작가의 아내 나탈리야와 단테스의 그림 앞에 이르자 취재진에게 시간을 할애해 젊은 작가의 장렬한 최후를 들려주었다. 작가의 삶은 그 자체로도 소설처럼 극적이고 열정적이었으며 삶을 통찰한 그의 시는 체험에서 우러난 것이기도 했다.

삶이 그대를 속일지라도
슬퍼하거나 노여워하지 말라
슬픔의 날을 참고 견디면

머지 않아 기쁨의 날이 오리니..
현재는 언제나 힘든 것..
마음은 미래에 사는 것..
그리고 지나간 것은 항상 그리워지는 법이니.

그는 32세 되던 1831년, 13세 연하의 나탈리야 곤차로바와 결혼했다. 일찍이
그가 "현기증을 느꼈다"고 표현했을 만큼 빼어난 미모의 여성이었다.

그러나 이 결혼으로 그는 엄청난 대가를 치르게 된다. 궁핍한 장모에게는 빚
까지 내가며 거액의 혼수금을 쥐어줘야 했고 유행에 민감한 사교계의 여왕으로
각광받는 아내 때문에 갈수록 큰 돈이 들었다. 늘어가는 빚과 사교계의 번잡함
속에서 그는 끝없는 정서불안에 시달렸다.

연적과의 결투로 총상 후 사망

숨지기 3년 전인 1935년 무렵, 그는 황제에게 매수당했다는 비난을 각오하고
니콜라우스 1세로부터 3만 루블을 빌렸다. 그만큼 경제적으로 어려운 처지였다.
그런 와중에 프랑스 출신 청년 근위병 조르주 단테스와 그의 아내 나탈리야의
염문이 불거졌다.

단테스는 아내의 동생 예카테리나와 갓 결혼한 동서지간이었다. '간통한 여자
의 남편'이라는 익명의 편지에 분개한 그는 '연적'과 담판을 지어야 했다.

1837년 1월 27일 오후 상트페테르부르크의 검은 강가에서, 권총을 쏘되 죽을
때까지 싸운다는 냉혹한 조건을 건 결투가 벌어졌다.

두 발의 총성이 허공을 울리자 푸시킨이 눈밭에 쓰러졌다. 푸시킨이 쏜 총탄
은 단테스의 팔목에 상처만 입혔을 뿐이었다.

복부에 치명상을 입은 푸시킨은 이틀 뒤 숨을 거두었다. 37세의 젊은 나이였다.

당국은 사전에 결투 사실을 알고 있었다고 한다. 그러나 대중적 영향력이 큰

불온한 작가 때문에 속을 썩이던 황제 니콜라우스 1세는 이를 모른 척 내버려두었다. 푸시킨을 '눈엣가시'처럼 여겨온 세도가들도 단테스와 나탈리야의 염문으로 그가 입은 타격을 즐기는 입장이었다.

푸시킨의 시신은 당국의 명령으로 비밀리에 미하일로프스코예의 한 수도원에 보내져 새벽에 매장됐다. 그의 인기가 워낙 높아 혹시 벌어질지 모르는 불상사를 우려해 일반인의 장례 참가는 물론 '과격한' 추도사도 엄명으로 금했다.

나탈리야, 궁정 복귀 후 재혼

작가의 데드 마스크는 눈을 감은 채 두툼한 입술을 굳게 다물고 있다. 이승을 떠난 무심한 표정이었다.

"나탈리야요? 그녀는 한동안 언니 알렉산드라와 네 명의 아이들과 함께 칼루가 현에 있는 양친의 영지에서 살다가 1년 후 상트페테르부르크로 돌아왔고, 황제의 권유로 다시 궁정에 복귀했습니다. 황제는 가족의 빚을 갚아주고 푸시킨 자녀들 교육을 뒷바라지해 주었습니다."

1844년 그녀는 나이 많은 표트르 란스코이 장군과 재혼했다.

결혼 직후 황제는 란스코이 장군을 근위대장으로 임명했고 이들 부부가 낳은 첫아이의 후견인이 돼 주었다. 황제는 나탈리아의 초상화를 모든 관리들이 지니게 할 만큼 그녀에게 각별한 호의를 베풀었다고 한다.

이후 나탈리아는 두 아이를 더 낳았고 51세1863년 11월에 숨을 거두었다. 푸시킨을 죽인 단테스는 러시아인들의 손가락질을 피해 프랑스로 이주했다.

열정으로 짧은 생애를 마친 푸시킨은 자신의 작품 세계에 남다른 긍지를 느끼고 있었다.

'나는 인간의 손으로 만들어지지 않는 기념비를 세웠다'고 자부했던 것처럼 그는 생전에 자신의 미래에 대해 다음과 같은 기록을 남겼다.

상트페테르부르크의 푸시킨 박물관.

나는 완전히 죽지 않으리라
친숙한 시 속에 깃들인 영혼은
나의 재보다 오래 살아남을 것이며
부패되지 않으리라
그리고 나는 찬양 받으리라
지구상에 단 한 명의 시인이라도
살아 있는 한.

수많은 궁전과 사원 즐비한
박물관 도시

시베리아 횡단 여정도 이제 막바지에 이르렀다.
마지막 방문지인 상트페테르부르크에서는 다른 곳보다 일정을 길게 잡아
5일간 묵기로 했다. 러시아의 옛 수도인 데다
워낙 볼거리가 많은 문화와 예술의 도시이기 때문이다.

모스크바에서 상트페테르부르크까지는 650km. 밤길을 달린 열차는 8시간 30분쯤 지난 이른 아침, 목적지에 도착했다. 취재진이 묵기로 한 옥타브르스카야 호텔은 역 맞은편 네프스키 대로변에 있었다. '낭만의 거리'로 유명한 네프스키 대로는 출근 인파와 차량들로 붐비고 있었다.

학자이며 항해사이고 목수였던 표트르 대제

'유럽으로 열린 창窓' 상트페테르부르크는 인구 420만의 대도시다. 도시 전체가 박물관이라 할 만큼 크고 작은 궁전과 유서 깊은 사원, 박물관과 유적이 즐비하다.

에르미타주 미술관을 비롯해 운영중인 박물관 수만 100개가 넘는다. 도시 곳곳에는 강과 운하가 흐르고 100여 개의 섬, 600여 개를 헤아리는 다리가 놓여 있다. 이 때문에 이곳은 '북방의 베니스'로 불리기도 한다.

취재진은 잠시 네프스키 대로를 따라 유럽풍의 도시 경관을 살핀 뒤 이곳 최

표트르 대제가 페트로파블로프스크 요새 건설을
지휘하며 지냈던 오두막과 오두막 내부.

초의 건축물인 '표트르 대제의 통
나무집'을 찾았다.

　가로 세로 10×5.5m, 높이 2.72
m로 1703년 5월, 단 3일만에 세워
진 이 '오두막 궁전'은 현재 집 전
체를 감싼 보호시설이 설치돼 눈비
를 막아주고 있다. 서재와 침실, 주
방 등의 공간에는 황제가 쓰던 탁자와 의자 그리고 금속제 식기들이 놓여 있다.

　이 오두막집은 표트르 대제가 페트로파블로프스크 요새와 거대한 여름궁전이
완성되기까지 수시로 머물며 도시 건설사업을 야심차게 펼쳐나간 곳이다.

　허허벌판에 세워진 이 집에서 거대하고 화려한 예술의 도시, 러시아에서 가장

큰 항구도시의 청사진이 펼쳐졌다니 경이로운 일이다. 이 허름한 집이 대도시의 산실이 되다니…. 표트르 대제는 당시 유럽의 변방에 불과하던 제정러시아를 세계적인 강대국으로 이끈 주역으로 우리의 세종대왕처럼 러시아 역대 군주 가운데서 가장 존경받는 인물이다.

이탈리아 건축가와 기술자들 대거 초빙

표트르 대제는 1696년 형 이반이 죽자 24세의 나이로 러시아 제국의 군주가 됐다. 그는 이듬해 투르크에 대항하는 동맹을 맺고자 서유럽 여러 나라에 사절단을 보내면서 그 스스로 포병 상등병 '표트르 미하일로프' 라는 이름으로 사절단 속에 끼었다.

성 이삭 성당과 표트르 대제 청동기마상.

그는 15개월간 프러시아·네덜란드·영국 등지를 돌아보면서 당시로서는 최첨단을 달리던 유럽의 조선기술을 비롯해 포병술과 해양·군사지식·건축·목공까지 두루 익히고 돌아왔다. 선진 서구문화에 심취했던 학자이며 항해사이자 목수였던 그는 내륙 깊숙이 자리잡은 모스크바 쪽보다 유럽 가까운 곳에 신도시 건설의 필요성을 절감했다.

북방전쟁1700~1721이 시작되자 표트르 대제는 네바 강변에 있던 스웨덴 기지를 점령했고 1703년 이곳에 통나무집을 짓고 수시로 오가며 페트로파블로프스크 요새와 신도시 건설을 진두지휘했다.

핀란드어로 '늪'을 뜻하는 네바 강 하구의 섬들은 강 이름 그대로 당시에는 거의가 늪지대였다.

표트르 대제는 그곳에 운하를 건설했다. 남쪽의 강둑을 비롯해 늪지에서 물을 빼내기 위해서였다. 동원된 노역자들은 맨손이나 원시적인 도구만으로 짐승처럼 일해야 했다.

비바람과 안개, 눈보라, 혹한 속에서 2만여 명의 노역자들이 질병과 굶주림, 과로 등으로 쓰러져 갔다. 이들의 피와 땀으로 '사람의 뼈 위에 세워진 도시'는 점점 틀을 갖춰 갔다.

황제는 궁전과 성당 건축을 위해 이탈리아 등지에서 기라성같은 건축가와 기술자들을 초빙했다. 1712년에는 아예 수도를 모스크바에서 이곳 상트페테르부르크로 옮겼다.

그가 죽음을 눈앞에 둔 1725년, 상트페테르부르크는 러시아 국제 무역 거래의 90% 정도를 차지하는 거대 도시로 성장했다. 레닌의 소비에트 정권이 들어설 때까지 약 200년간 러시아 제국의 수도로 정치·경제·문화·예술의 중심이 되었다.

1924년 레닌이 죽은 뒤 레닌그라드로 불리다가 소비에트 정권이 무너지면서 옛 이름을 되찾은 이 도시에는 표트르 대제를 비롯해 마지막 황제 니콜라이 2세에 이르는 로마노프가의 역대 황제들이 피터 폴 성당 안치소에 잠들어 있다.

페트로파블로프스크 요새.
요새 안 성당의 황금빛 첨탑 때문에 멀리서도 금세 알아볼 수 있다.

사진 위 오른쪽으로 이삭 성당의 황금빛 돔이 보인다.

레닌이
사회주의 혁명을 이끌며
작전본부로 썼던
스몰르누이 수도원(위).

1897년에서 1900년에
건조된 순양함
오로라 호.
1917년 러시아 황궁을 향해
대포를 쏘며
사회주의 혁명을 알렸다.
제2차 세계대전 때는
육상전투를 위해
순양함의 대포만 떼어
사용하기도 했으며
종전 후에는
박물관으로
사용하고 있다(왼쪽).

사연 깊은 페트로파블로프스크 요새

궁전 다리와 키로프 다리 사이의 토끼섬에 세워진 페트로파블로프스크 요새는 멀리서도 황금빛 첨탑의 성당 때문에 금방 눈에 띄었다. 육중한 돌벽으로 둘러싸인 이 요새 안에는 예수의 제자 베드로와 바울을 기념하는 페트로파블로프스크 성당과 금화나 기념메달을 만드는 조폐창, 박물관, 감옥 등이 있다. 요새는 군사적인 용도보다 주로 정치범 수용소로 사용했다고 한다.

이곳에 온 최초의 죄수는 공교롭게도 표트르 대제의 아들 알렉세이였다. 왕가의 권력다툼 와중에 반역죄로 붙잡힌 그는 모진 고문을 견디다 못해 숨졌다.

그의 시신은 성당 입구 계단 아래 묻혀 이곳을 찾는 모든 사람이 밟고 지나가게 되어 있다. 반역의 결과가 얼마나 비참한 것인지를 보여주려는 권력자의 뜻이었으리라.

요새 안 트루베츠코이 감옥 내부는 어둠침침했다. 긴 복도를 따라 2.5×4m 정도의 감방이 이어져 있고 감방 안에는 손도 닿지 않는 높이에 손바닥만한 창이 달려 있었다. 훗날 황제에 반기를 든 데카브리스트와 도스토예프스키, 고리키, 트로츠키 등이 이곳에 갇혔었다고 한다.

그러나 누가 알았으랴. 역대 황제들이 공들여 가꾼 이 도시가 훗날 전제왕권을 무너뜨리는 혁명의 진원지가 될 줄을.

1825년 젊은 귀족들이 전제정치와 농노제에 항거해 봉기했던 데카브리스트 광장, 1905년 '피의 일요일' 시위를 벌이던 노동자 수천 명이 근위대의 총에 맞아 쓰러졌던 궁전 광장, 황제가 머무는 겨울궁전을 향해 1917년 혁명의 포성을 울린 오로라 순양함은 지금도 네바 강변에서 옛 모습을 보여준다.

당시 레닌이 사회주의 혁명을 이끌며 작전본부로 썼던 스몰르누이 수도원 건물도 옛 모습을 지키고 있다.

육중한 돌벽으로 둘러싸인
페트로파블로프스크 요새.

253

34 · 상트페테르부르크-2
포화 속 목숨 걸고 지킨 문화유산 보고
에르미타주국립미술관

페트로파블로프스크 요새가 바라보이는 네바 강변.
에르미타주국립미술관은 줄지어 선 흰 기둥과 연두빛 벽면이 어울려
웅장하면서도 아름다운 자태로 서 있다.
건물 지붕에는 수많은 조각상이 상트페테르부르크의 수호신처럼
네바 강과 궁전 광장을 내려다보고 있다.

에르미타주국립미술관은 겨울궁전을 비롯해 작은 에르미타주와 신 · 구 에르미타주 등 모두 다섯 채의 건물로 이뤄져 있다. 그 중 황제의 거처였던 겨울궁전에는 자그마치 1050여 개의 방이 있다. 전시실을 모두 이으면 그 길이가 27km나 된다고 한다.

소장품은 그림과 조각, 보석류 등 모두 300만 점. 한 가지에 1분씩만 할애해도 전부 다 보려면 5년이 넘게 걸린다는 곳이다.

옛 황실의 호사가 후대의 문화유산으로

취재진은 아침부터 종일 이 미술관을 구경하기로 했다. 차분히 살피자면 며칠은 투자해야 되겠지만 취재 일정상 더 많은 시간을 내기는 어려웠다.

그 사이 이틀 동안 취재진과 통역 등 3명을 안내하며 친해진 젊은 러시아 여성 마샤는 비싼 외국인 요금 10달러 대신 러시아인에게 적용되는 할인료 60센트로 우리의 입장권을 샀다.

에르미타주국립미술관 내부.

　이곳은 내국인과 외국인 각각의 입장료가 10배 이상 차이가 난다. 외국인 입장료는 러시아 돈으로 300루블, 우리 돈으로는 대략 1만 2000원인데 비해 내국인 입장료는 러시아 돈으로 20루블, 우리 돈으로는 800원 정도밖에 되지 않는다. 게다가 학생 요금은 거의 공짜나 다름없는 할인료가 적용된다.

　마샤의 설명인즉, 장기 취재 비자가 있으면 굳이 일반 관광객처럼 비싼 요금을 내지 않아도 된다는 것이다. 안내판만 보고 꼬박꼬박 비싼 요금을 물어온 취

황제의 거처였던 겨울궁전을 중심으로 한
에르미타주국립미술관.
건물 지붕에 수많은 조각상이 서 있다.
왼쪽은 미술관 입구의 쌍두독수리.
신성로마제국의 상징으로 유럽 전역에서 사용되었다.

재진으로서는 기분좋은 혜택이었
다. 하지만 몇 시간 동안 미술관을
둘러본 기자는 10달러가 아니라
100달러를 냈더라도 전혀 아깝지
않겠다는 생각이 들었다. 동서고
금의 온갖 문화재들, 그 속에 담긴 예술 혼의 정수를 한껏 맛볼 수 있는기회를
갖는다는 건 돈으로 따질 수 없다는 생각이 들었기 때문이다.

런던의 대영박물관, 파리의 루브르박물관과 함께 세계 3대 박물관으로 손꼽히

는 에르미타주국립미술관은 원시 · 고대 · 동양 · 서유럽 · 러시아 문화 예술 등
크게 다섯 개 관으로 나뉘어져 있다.

유물 가운데 특히 제4관에는 러시아가 국력을 쏟아 모은 렘브란트의 작품을
비롯해 루벤스 · 라파엘로 · 레오나르도 다 빈치와 세잔 · 고흐 · 고갱 · 드가 · 모
네 · 르누아르 등의 인상파와 피카소 · 마티스 · 칸딘스키 같은 20세기 초기 화가
의 작품에 이르기까지 약 8000점의 명화들이 벽면을 가득 장식하고 있다.

그림과 조각뿐이 아니다. 숱한 금은 보석 장식과 각종 조형물, 비취빛 대리석
기둥을 보노라면 그 섬세함과 웅장함, 현란함에 찬탄이 절로 나온다.

이곳을 찾는 관람객 수가 한 해 300만을 넘는다니, 당초 황실의 호사스런 취
미에서 비롯된 소장품이 후손들에게는 값진 문화유산이 된 셈이다.

겨울궁전, *房*만 *1050개*-*名畵 8000*점

로마노프 왕가에서 처음 그림을 수집한 사람은 1741년부터 20년간 제위에 오른 표트르 대제의 딸 엘리자베타 페트로브나 여제*女帝*였다. 이어 예카테리나 2세가 1762년부터 34년의 재위 기간 중 그림 4000여 점을 모았는데 이들 작품이 에르미타주국립미술관의 모체가 되었다.

1751년에 공사를 시작하여 20여 년에 걸쳐 완성된 겨울궁전은 소장품이 늘어나면서 점차 황실 미술관으로 탈바꿈했으며 1852년부터는 일반인에게도 공개되었다. 전제왕권이 무너지고 소비에트정권이 들어선 후인 1922년부터는 국립미술관으로 탈바꿈되어 황실 궁전도 미술관의 일부가 되었다.

현재 겨울궁전 3층에 전시된 19세기와 20세기 초까지의 프랑스 화가 작품은 러시아의 실업가 세르게이 슈츠킨*1854~1936*과 이반 모조로프*1871~1921*가 프랑스를 오가며 사들였다가 에르미타주에 넘겨준 것이다. 이들 인상파와 후기 인상파 작품은 에르미타주에서도 가장 인기 있는 소장품이다.

애써 모은 이들 작품 가운데는 외국에 팔려나간 것도 있었다.

1928~1933년의 스탈린 시절, 외화가 부족했던 러시아 정부는 타이티안의 '거울 앞의 비너스'를 비롯해 라파엘로와 루벤스, 렘브란트의 작품 등을 미국의 수집가들에게 팔았다.

이들 작품은 오늘날 미국의 주요 박물관에 소장돼 있다. 그후 다시는 에르미타주의 소장품이 해외로 빠져나가는 일은 생기지 않았다.

적의 포화 속 목숨 걸고 지킨 문화유산

미술관이 겪은 가장 큰 위기는 1941년 나치의 침공 때였다. 독일군이 진격해오자 미술관 직원들은 그림과 조각, 값비싼 소장품들을 나무상자에 포장했다. 군용열차가 두 차례 포장된 보물을 싣고 우랄지방에 있는 예카테린부르크*당시 지명은 스베들로프스크*로 떠났다. 미처 보내지 못한 컵과 꽃병 같은 도자기류 등은 고운

에르미타주국립미술관
안의 러시아관(위).
오른쪽은 8세기 초반
러시아 황제
대관식 때 사용했던
마차로
피터 대제가
프랑스 여행 때
파리에서 사들인
것이다.

1900년대 초기 프랑스
오귀스트 로댕의 작품 '영원한 봄'.
크기 77cm의 대리석 조각품으로
에르미타주국립미술관에 소장되어 있다.

왼쪽은 에르미타주국립미술관에
전시되어 있는 '주피터상'.
로마에서 발견된 대리석상으로
기원전 1세기경 작품이다.

모래를 채워 2m 높이의 주피터상 주변 톱밥더미에 보관했다.

미술관장과 직원들은 적군에 포위된 900일 동안 미술관에서 생활하며 문화재를 지켰다. 잇단 포격과 폭격으로 건물은 여기저기 구멍이 뚫리고 허물어졌다. 포탄이 떨어지면 불이라도 날까 수리로 달려가 부서진 창문을 손보고 유리 조각과 파편을 청소하는 한편 연구작업도 계속했다.

나치가 물러간 뒤 1945년 11월 8일 미술관은 다시 일반에 공개됐으나 당시 직원 가운데 40여 명이 이곳에서 굶어 죽었다고 전해진다.

에르미타주국립미술관 측은 1997년부터 전문가들을 국제 미술시장에 보내, 세계 유명 화가와 조각가의 작품을 사들이고 있다. 세계 미술품 경매시장에서 '큰 손' 노릇을 했던 제정러시아 황실이 무너진 뒤 지난 70여 년간 서방 미술품 수집을 중단했던 에르미타주가 다시 두 팔을 걷어붙이고 국제 경매시장에 나선 것이다.

국제 미술품 경매 시장의 '큰 손'

미로 같은 전시실과 회랑을 종일 바삐 돌아다녔더니 다리가 무겁다.

궁전을 빠져 나와 한적한 광장으로 나섰다. 궁전 광장 한복판에는 러시아가 나폴레옹군을 물리친 뒤 1834년에 세웠다는 거대한 원기둥이 하늘 높이 솟아 있다. 높이 47.5m, 무게가 704 t 이라는데 꼭대기에는 천사상이 아래를 내려다 보고 있다.

문화대국을 꿈꾸어 온 러시아의 열망과 힘이 응축된 현장, 화재와 전쟁의 포화, 경제난 속에서도 수많은 예술가와 장인의 혼이 담긴 선조가 남긴 문화유산을 지키려 심혈을 쏟아온 아름다운 에르미타주. 그곳에 전시된 헤아릴 수 없을 만치 많은 보물들을 감탄으로 둘러보았지만, 수백 수천 년에 걸쳐 빚어진 아름다움의 진면목을 그저 스쳐가는 나그네의 눈으로 어찌 제대로 보았다 할 수 있으랴. 기회가 주어진다면 몇 번이라도 또 오고픈 곳이다.

언제인지 모를 훗날 이 미술관을 다시 찾을 때는 며칠을 할애해서라도 예술의 향기에 흠뻑 취해 보리라.

겨울궁전 광장 한가운데
하늘 높이 솟아 있는
알렉산드르 원주기둥
꼭대기에서
천사상이
아래를 굽어보고 있다.
높이 47.5m, 무게 704 t 의
이 원기둥은
러시아가 나폴레옹군을
물리친 뒤 1834년에
세웠다고 한다.

러시아 정교회 본산지
소비에트 붕괴로 1000년 옛 영화 되찾아

유럽에 가까워질수록 도시마다 성당과 수도원 건물이 점점 많아진다.
시베리아횡단철도의 종착역인 모스크바와 옛 수도 상트페테르부르크에 이르면
이 나라 정신문화의 뿌리가 동방정교회라는 사실이 확연히 드러난다.

성당 건물은 한결같이 크고 아름답다. 건물도 예술적이지만 그 안에는 동방정
교회의 특성을 보여주는 성화聖畵가 많이 걸려 있고 벽이나 천장에는 흔히 프레
스코화나 모자이크 그림이 장식돼 있다.

소비에트 정권이 종교를 짓밟고 온 국민에게 무신론을 가르친 지 70여 년. 그
리고 개방 20년이 지난 오늘의 러시아 종교는 어떤 모습일까. 도시마다 남아있
는 유서 깊은 성당과 수도원 건물을 보면서 필자는 그런 의문을 품었다. 이르쿠
츠크와 페름 등 몇몇 도시에서는 성당에 들어가 예배 광경을 지켜보기도 했다.

도심 곳곳 유서 깊은 성당 즐비

촛불이 많이 켜져 있는 성당 안. 성화는 많아도 성인들의 조각상은 눈에 띄지
않는다. 모두 선 채로 예배의식에 참여하는 신도들. 별다른 악기 연주 없이 사제
가 읽는 성구와 몇몇이 가락을 붙여 부르는 찬송만이 성당 안에 은은하게 울려
퍼진다. 평일에도 보통 오전 오후에 한 번씩 이런 예배를 드린다고 한다.

신도들 가운데는 나이 든 아주머니와 할머니가 많았다. 이들은 성당에 들어갈 때 문 앞에서 손으로 성호를 긋고 머리 숙여 기도를 드린다. 성당에서 나온 뒤에도, 그리고 한참을 걸어나와 대문 밖을 나설 때도 돌아서서 다시 성호를 긋고 기도한다.

성당 출입구 주변에는 흔히 나이 든 걸인들이 앉아서 오가는 이에게 자선을 청하고 있었다.

궁전보다 높은 건축 금하던 시절, 황제가 지은 거대 성당

상트페테르부르크에는 성 이삭 성당과 피의 성당·카잔 성당·스몰르누이 수도원 등 유서 깊은 성당과 수도원이 많다. 이들 상당수는 이제 예배의 장소로서가 아닌, 관람객을 끄는 박물관이나 관광명소로 탈바꿈했지만, 여전히 성호를 긋고 기도드리는 신자를 볼 수 있었다.

키에프스키 광장을 향해 서 있는 이삭 성당은 러시아 황실의 종교적 열정이 얼마나 뜨거웠는지를 느끼게 한다. 알렉산드르 1세 때인 1818년 착공한 이 성당은 그의 아들 니콜라스 1세가 죽고 알렉산드르 2세 때인 1858년에야 완공됐다. 완공까지 무려 40년이 걸린 셈이다. 성당의 길이는 111.2m, 폭은 97.6m. 멀리서 보는 느낌과 달리 가까이 다가갈수록 거대한 모습으로 다가온다. 바닥에서 지붕까지의 101.5m이니 30층 빌딩과 맞먹는 높이다.

이삭 성당 남쪽 입구에서 계단을 따라 지붕 밑 전망대에 오르면 상트페테르부르크 시내가 한눈에 들어온다. 궁전보다 높은 건물을 짓지 못하게 하던 시절, 황제 스스로 이처럼 거대한 성당을 지었으니 '하늘'의 권위를 '땅의 권세' 보다 앞세울 만큼 신심이 두터웠나 보다.

전망대에서 맞는 바람은 무척 거셌다. 게다가 잿빛 하늘과 안개 때문에 시야가 깨끗하지 못해 아쉬웠다.

취재진은 아래로 내려와 다시 성당에 들어갔다. 중앙의 돔에 그려진 모자이크 천장화가 까마득히 멀리 보인다. 다른 천장과 벽면에도 성경의 내용과 성인들의 성화로 가득하다.

감옥으로 쓰던 교회·수도원 되살려

네프스키 대로에 자리잡고 있는 '카잔 성당'은 반원 모양의 회랑을 지닌 구조물로 1811년 로마의 성 베드로 성당을 모방해 지어졌다. 고대 그리스의 종교에서부터 기독교의 기원, 교황 제도의 역사, 종교재판 자료 등이 두루 보관·전시되어 있으며, 지금은 러시아 과학아카데미의 종교박물관으로 사용되고 있으나 20여 년 전만 해도 무신론을 선전하는 박물관이었다.

그러나 종교 박멸의 기치를 높이 들었던 옛 소련의 '과학적 사회주의'가 제풀에 무너진 후 1000년의 역사를 지닌 정교회 수도원과 성당들은 점차 옛 모습을 복원해가고 있다.

반원 모양의 회랑을 지닌 카잔 성당. 네프스키 대로 한 켠에 위치하며 1801년부터 10년에 걸쳐 완성됐다. 성당 앞 동상은 19세기 초 나폴레옹의 침입을 격퇴한 미하일 쿠트조프 장군.

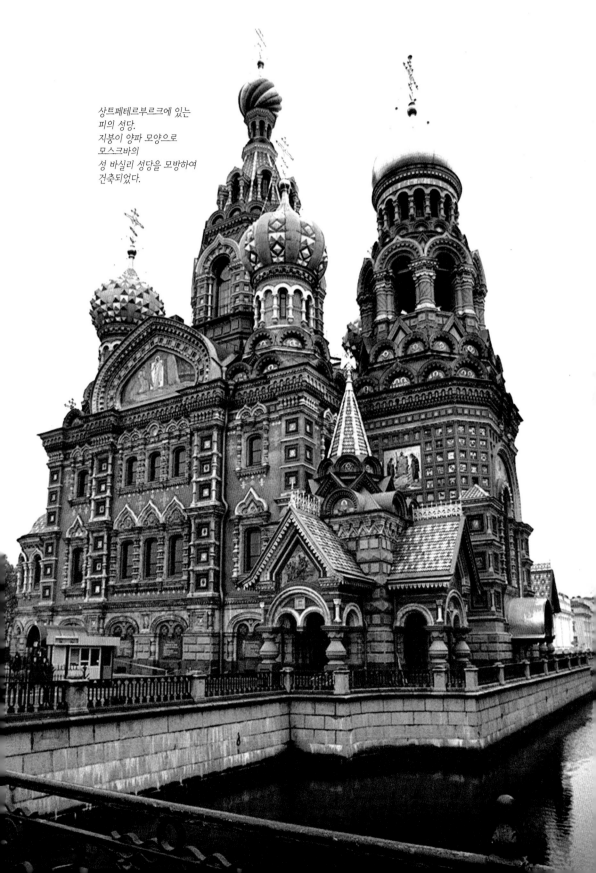

상트페테르부르크에 있는
피의 성당.
지붕이 양파 모양으로
모스크바의
성 바실리 성당을 모방하여
건축되었다.

러시아 정교회의 본산인 다닐로프 수도원(위).

러시아를 비롯해 그리스 등지에 퍼져 있는 동방정교회는 성경과 신조, 고대 에큐메니칼 공의회 결정사항 등의 전승을 기초로 보수성이 강한 신학으로 알려져 있다. 공식 명칭은 '정통가톨릭교회'. 9세기쯤 우상에 대한 해석을 둘러싸고 로마 가톨릭과 갈라졌는데, 13세기 십자군 전쟁 등을 겪으면서부터 두 교단 간 갈등의 골은 더욱 깊어졌다.

1917년 러시아에 사회주의 혁명이 일어난 당시, 정교회는 러시아 전역에 5만여 개에 이르렀으나 '종교는 인민의 아편' 이라는 마르크스의 주장에 의해 레닌이 종교탄압정책으로 억압했다. 그러나 스탈린 시절 한동안 종교활동이 허용되기도 했는데, 이는 제2차 세계대전을 치르면서 국민의 애국심 고취에 도움이 된다는 계산에서였다.

1950년대 들어서서는 흐루쇼프가 교회 1만 5000여 곳을 추가로 폐쇄했고 일부는 아예 무신론 박물관으로 만들어 버렸다.

그렇게 화석화한 유물처럼 역사의 뒤안으로 밀려났던 러시아 정교회가 요즘 옛 영화를 되찾고 있다. 문 닫았던 교회가 복구되고, 박물관이나 문서보관소, 심지어 감옥으로 쓰이던 교회와 수도원 건물이 다시 정교회의 재산으로 환원되고 있다. 개혁·개방 정책 초기인 1988년 7000개를 밑돌던 교회 수는 최근 10여 년 새 2만 5000여 개로 늘었다. 러시아 국내 신도 수는 5000만으로 추산된다. 정교회의 최고 지도자인 총주교는 모스크바에 있는 다닐로프 수도원을 거처로 삼고 있다.

러시아 정부와 정교회 유착, 개신교 등 외국인 선교활동 어려움

상트페테르부르크와 모스크바 등 러시아 곳곳에는 외국 선교사가 많이 나와 있다. 공산권 복음화에의 사명감으로 한국에서 온 개신교 선교사도 300여 명에 이른다.

여행 중 취재진이 만난 한 한국인 선교사는 "공산주의 사상이 퇴조하고 자본주의가 밀려들면서 러시아 국민들은 가치관의 혼돈과 공백상태에 빠져 있다"며 "이 공백을 메우려고 러시아 정부가 정교회와 손을 잡고 있다"고 했다. 정부와 정교회의 밀월 또는 유착관계 때문에 외래 종교는 선교에 어려움을 겪고 있다고 했다.

최근 여론조사로는 러시아 성인 절반 정도가 신의 존재를 믿고 있다는데, 오랜 무신론 교육과 급격한 사회 변화 탓인지 실제 종교적인 열의는 미지근한 상태로 보인다. 정교회가 높은 이혼율과 청소년문제, 알코올과 마약중독자의 증가, 성행하는 매춘 등의 사회 문제 해결에 기여할 것으로 믿는 이도 많지 않았다.

기자가 만나 본 러시아의 보통사람들, 운전기사와 여행 안내자, 대학생들은 부흥하는 정교회가 사회에 희망을 주는 빛과 소금의 역할을 하기보다 교회를 운영하면서 생기는 '잿밥'에 더욱 관심을 기울인다는 생각을 갖고 있었다.

36 · 상트페테르부르크-4

박물관 · 미술아카데미 손잡고
문화재 보존 복원 성공 모델 이뤄

크고 작은 박물관이 100여 개나 있는 도시.
웅장하고 화려한 피의 성당과 이삭 성당, 겨울궁전과 여름궁전을 장식한
수많은 조각상과 그림…. 도대체 이토록 거대한 문화유산을
가꾸고 보존하는 힘은 어디서 나오는 것일까.
유지 · 보수에 필요한 돈이야 관광 수입으로 해결한다지만,
누가 어떤 방식으로 미술관이나 박물관의 그 많은 유산을 돌보는 것일까.
며칠 간 예술의 도시 상트페테르부르크를 돌아보면서 기자에게는
그런 궁금증이 떠나지 않았다.

빠듯한 여정의 막바지에, 네바 강변 우니베르시테츠카야 거리의 러시아 미술 아카데미에 들른 것은 적잖은 행운이었다. 이곳 교수들의 친절한 안내로 레핀 국립미술원을 둘러보면서 상트페테르부르크의 아름다움을 가꾸는 인재들이 바로 여기서 배출된다는 사실을 확인할 수 있었다.

이곳 미술원의 교수와 졸업생의 손길은 호텔이나 지하철의 그림과 벽화, 유명 건축물의 조각, 실내장식, 박물관과 성당의 구조물, 성화 같은 갖가지 문화재 복원에 이르기까지 닿지 않는 곳이 없었다.

1757년 세운 고등교육기관

1757년 세워진 러시아 미술 아카데미는 산하 고등교육기관이다. 상트페테르부르크의 '레핀국립미술원', 모스크바에는 '수리코프국립미술원'을 두고 있다.

레핀국립미술원의 경우 5년제 학부과정에 회화 · 조각 · 건축 · 복원 · 미술사 등 5개 학과를 운영하고 있다. 등록 재학생은 600명 정도. 매년 여름학교에 출

레핀국립미술원 학생들의 수업 장면.

석해 시험만 보는 학생도 400명쯤 된다. 중등교육 과정도 따로 있는데, 미술을
지망하는 청소년들이 11~12세 때 입학해 7년간 공부하는 과정이다. 중등과정
졸업생은 대개 대학과정을 거쳐 미술전문가의 길을 걷는다. 박사 과정은 10여
명뿐으로 입학과 졸업이 무척 힘들다고 한다.

두개골과 인체근육 등 사실주의적 화법 연마

미술원 졸업생 작품을 진열한 방에는 갖가지 성화와 모자이크화, 북러시아나
우크라이나 등지의 고대 유물을 본뜬 작품들이 가득했다. 엘리자베타 부원장은,
"미술원은 상트페테르부르크의 여러 박물관과 돈독한 관계를 맺고 있다. 특히
복구학을 전공하는 학생들은 졸업 작품으로 박물관이 필요로 하는 모작模作을 하

나씩 제출하게 돼 있다"고 설명한다. 작품에 쓰일 고급 종이나 석재는 박물관 측이 제공한다고 하니 일종의 산학협동이라고나 할까.

에르미타주국립미술관의 그림과 벽화는 물론 건물 지붕에 세워진 조각상도 이곳 교수와 졸업생들의 손으로 보수되고 있다. 매년 봄 금속 공예팀이 조각상을 정밀하게 조사해 더러워진 조각은 깨끗이 청소하고 부식된 부분에는 보호막을 씌운다고 한다.

박물관·미술관 어딜 가도 제자 수두룩

문화재 복구에는 3개 자격 등급이 있다. 학부 졸업생은 대개 중간단계인 2급을 인정받아 에르미타주국립미술관 등에서 일하게 된다. 이러다 보니 "박물관

레핀국립미술원 학생들의 누드와 실기 수업.

학생들의 실기실습용 인체 조형물들.

이나 미술관 어딜 가도 제자가 수두룩하다"는 게 엘리자베타 부원장의 자랑이었다.

실습실과 강당에 진열된 교재는 러시아 미술교육의 특성을 일깨워 주었다. 강당에는 인체의 골격을 보여주는 각종 모형이 전시돼 있다. 실제 얼어죽은 사람을 해부하여 그 근육의 생김새를 관찰해 만든 조각작품도 있었다.

"여기엔 진짜 해골도 많다. 학생들은 모두 인체의 골격과 근육에 따라 음영陰影이 어떻게 달라지는지를 충분히 익혀야 한다. 여기서 점수가 나쁘면 진급을 못한다. 학생들이 가장 힘들어 하는 과정인데 주로 1~2학년 때 집중적으로 이를 익힌다."

화실에서는 학생들이 모델을 앞에 두고 누드화를 그리고 있었다. 마침 한국에서 온 유학생이 눈에 띄어 질문을 던졌다.

"한국 학생은 얼마나 있나?"
"20명쯤 된다. 최근 몇 년 새 숫자가 불었고 앞으로 더 늘어날 것이다."
"러시아 미술교육의 특색은?"

레핀국립미술원에 대해 설명하는 엘리자베타 부원장(위)과
도서관에서 자료를 열람 중인 미술원생들.

"한국에선 서양화를 공부할 때 기초도 없이 인상주의나 표현주의부터 배운다. 여기서는 그 바탕이 되는 사실주의 화법을 철저히 가르친다. 세계적으로 사실주의가 퇴조했지만 러시아에서는 아직까지 그 맥이 살아 있다*박성렬. 계명대 졸업*. 여기 그림은 힘이 있고 매우 정교하다. 배우는 게 참 많다"*조현철*.

"학비는 얼마나 드나?"

"학과에 따라 연간 4000~6000달러. 러시아 학생들은 대개 정부 장학금을 받아 등록금을 내지 않는데, 학과마다 기부금을 내고 들어오는 학생도 10여 명쯤 된다."

뒤이어 찾아간 미술 아카데미 도서관에는 200여 년 켜켜이 쌓인 연륜과 전통이 엿보였다. 양탄자가 깔린 마루바닥은 걸을 때마다 삐그덕삐그덕 소리를 냈고, 2층 높이의 서가에는 숱한 고서가 꽂혀 있었다. 미술 건축 관련 장서만 50만여 권. 한국의 미술서적도 꽤 있다는데 아쉽지만 찾아볼 겨를이 없었다.

레핀국립미술원 그래픽 담당

고려인 2세 이 크림 교수

레핀국립미술원에서 그래픽을 가르치는 이 크림*2001년, 59세* 교수는 우즈베키스탄 출신 '고려인' 2세이다. 스탈린의 강제이주정책으로 1937년 블라디보스토크 부근에 살던 부모가 중앙아시아로 옮기면서 이곳에서 태어나 젊은 시절을 가난 속에서 자랐다. 22세 때인 1968년 상트페테르부르크에서 공부하려고 2년간 소방수 일을 하며 생활비를 벌기도 했다. 그는 이 아카데미에서 학부와 박사과정을 마쳤다.

– 이 미술원의 특징은?

세계에서 유일하게 사실주의 화법을 가르치는 고등교육기관이다. 독일, 폴란드, 중국 등 세계 각지에서 유학생이 많이 온다.

– 한국 학생도 여럿 보이던데?

그렇다. 나도 1991년 한국학생 3명을 여기서 공부하도록 주선한 적이 있다. 외국학생이 오면 재정 수입이 늘기 때문에 대학으로서도 환영한다. 하지만 한국 대학으로서는 유학생을 보내는 것보다 이곳 유명 교수를 초빙하면 국제교류도 촉진하면서 훨씬 많은 학생들에게 경제적으로 가르칠 수 있을 것이다. 미술 분야는 실기가 중요하기 때문에 외국 교수라도 언어 장벽이 별 문제가 되지 않는다.

– 미술분야 교수직의 위상은 어떤가?

배우려는 학생이 많고 일거리도 많지만 사회적 대우는 러시아 지식인 사회가 그렇듯 낮은 편이다. 일본이나 유럽으로 나가는 교수들이 종종 있다.

고비자연물박물관에 전시된 타르보사우르스.

6
몽골횡단열차를 타고

초원과 사막에 켜켜이 밴 생명의 자취

40여 일 전 블라디보스토크에서 시작한 1만 km의
시베리아 횡단 여정이 마침내 끝났다.
취재진은 향수와 석별의 아쉬움을 달래며 이르쿠츠크의
인투리스트 호텔 한국 식당에서 러시아에서의 마지막 밤을 자축했다.
이튿 날 아침, 몽골행 열차를 탔다.
세상은 온통 하얀 눈밭이다.
달리는 열차의 굉음과 진동으로 길섶 눈꽃 핀 나무들에서
눈뭉치가 스러져 내린다.
1시간 반쯤 달리자 갑자기 시야가 탁 트이며 짙푸른 바이칼 호가 나타났다.
물안개 피어오르는 호수는 눈밭과 하얀 자작나무 숲 뒤편으로
사라졌다가 다시 나타나곤 했다.
"하늘이여, 바이칼 수호신이여!
긴 여행 잘 마치고 이제 시베리아를 떠납니다."

37 · 몽골行 열차
몽골인 보따리상들로 시끌벅적

예술의 도시 상트페테르부르크를 뒤로 하고
취재진은 다시 모스크바로 돌아왔다.
40여일 전 블라디보스토크에서 시작한 1만km의 시베리아 횡단 여정이
마침내 끝난 것이다.
모스크바 호텔에서 하루를 묵은 취재진은
비행기로 5시간만에 이르쿠츠크에 내렸다.

다시 보는 '시베리아의 파리'는 온통 흰 눈으로 덮여 있었다. 영하 20도를 밑도는 추위가 엄습한 탓인지 해가 진 거리에는 인적마저 드물다.

앙가라 강이 내려다 보이는 인투리스트 호텔의 한국 식당에서 취재진은 향수와 석별의 아쉬움을 달래며 러시아에서의 마지막 밤을 자축했다.

승객 대부분 한국인 닮은 몽골인 보따리상

이튿날 아침 이르쿠츠크 역에서 몽골행 열차를 탔다. 검은 머리에 누런 피부의 얼굴들. 우리 한국인과 외모가 똑같은 몽골인 승객이 대부분이다.

열차 내부는 깨끗하다. 4인용 객실 시트와 모포도 시베리아횡단열차의 그것보다 한결 깔끔하다. 달리는 열차의 굉음과 진동으로 길섶 눈꽃 핀 나무들에서 이따금 눈뭉치가 스러져 내린다. 철길 외엔 온통 하얀 눈밭이다.

1시간 반쯤 달렸을 때 갑자기 시야가 탁 트이며 짙푸른 바이칼 호가 나타났다. 물안개가 자욱한 호수는 눈밭과 하얀 자작나무 숲 뒤편으로 사라졌다간 다

'어버'를 돌고 있는 여행객들. 서낭(성황) 신앙과 '어버'는 몽골인의 신앙으로 정신적 지주 역할을 해왔다.

시 나타나곤 했다.

20여 일 전 울란우데에서 바이칼 호를 찾던 날 고갯마루에서 마주쳤던 서낭나무가 떠오른다. 가지마다 헝겊을 매달고 있던 신목神木. 오가는 길손의 소원을 안고 너울너울 춤을 추는 헝겊들. 그 앞에서 취재 여행이 잘 마무리되기를 기원했던 기억이 새롭다.

"하늘이여, 바이칼 수호신이여. 긴 여행 잘 마치고 이제 시베리아를 떠납니다."

러시아서 물건 구입, 울란바토르서 판매

시베리아횡단철도와 몽골횡단철도가 만나는 울란우데 역에서 열차는 15분을 머물렀다. 여기서부터 열차는 남쪽으로 몽골 국경까지 255km를 달리게 된다. 몽골의 수도 울란바토르까지는 여기서 404km를 더 가야 한다. 국경에서 몽골

울란바토르 역에 정차한 몽골행 열차. 출발 직전 석별의 정을 나누는 모습들.

횡단철도의 종착역인 베이징까지는 1955km다.

　울란우데를 벗어나자 웬일인지 열차 칸이 무척이나 시끄러워졌다. 통로를 따라 손수레를 끌거나 짐을 들고 오가는 사람이 끊이지 않는다. 손수레 위에는 담배와 화장품, 과자류와 식품이 잔뜩 쌓여 있다.

　"무슨 짐을 저렇게 계속 나르는가."

　옆의 칸에 있는 바담호를루라는 30대 몽골인 아주머니에게 물었다. 그녀는 울란바토르의 한 회사에서 수도관 공급사업을 하고 있다는데 영어를 잘해 한동안 기자의 말동무가 되어 주었다.

"보따리상들이 공동으로 산 물건이다. 모스크바에서부터 울란우데까지 오는 동안 도시 곳곳에서 필요한 것을 사 열차 안에서 나눠 갖는다. 물건은 울란바토르에서 판다."

그러고 보니 주위에 탄 승객들 대부분이 보따리상인 모양이었다. 3시간이 넘도록 운반 행렬이 이어지면서 객실의 몽골인들은 물건을 묶고 포장하느라 분주했다. 부산한 움직임은 국경의 마지막 정거장 나우슈키 역에 도착할 즈음에야 끝났다. 열차가 역에 멈춰서자 언제 그랬느냐는 듯 일시에 모든 객실이 조용해진다. 너무나 판이한 변화였다.

물량만 많아도 압수되는 보따리, 고액 세금에 울상

국경 출입국 관리소 직원들이 2명씩 열차칸에 올라섰다. 승객의 얼굴을 살피며 여권을 거둬간다. 이어 세관원 2명이 왔다. 취재진이 한국 국적임을 확인한 그들은 우리 짐은 보는 둥 마는 둥 가볍게 지나갔다. 그러나 몽골 사람들이 탄 칸은 분위기가 딴판이었다. 가방은 물론 포장된 상자를 뜯어보고, 의자 밑과 출입문 틈새, 열차 지붕쪽까지 샅샅이 조사한다.

취재진이 통로에서 구경하자 그들은 못마땅한 듯 객실로 들어가라고 손짓한다. 뒤이어 또 다른 2명이 같은 방법으로 객실을 한번 더 훑고 지나갔다.

뒷칸에서 기어코 일이 터졌다. 50대로 보이는 한 아주머니가 큰 짐보따리 하나를 압수당한 것이다. 그녀는 침통한 표정으로 통로에 서 있고 열차 안은 무거운 정적에 휩싸였다. 차창 밖에는 객실 여기저기서 압수된 짐을 실은 소형 트럭이 한 대 서 있었다.

"저 짐은 왜 압수됐나. 밀수라도 한 것인가?"
"천만에. 처벌이 워낙 엄해 밀수는 상상조차 못한다. 물량이 많은 게 이유다."
"압수된 물건은 어떻게 되나?"

울란바토르 역사.

"통관세금이 매겨진다. 워낙 고액이어서 사람들은 아예 인수를 포기한다."

몽골 보따리상들이 러시아 세관원 앞에서 숨죽이고 있는 모습은 보기에 안쓰러웠다. 한 50대 아주머니는 세관원의 매서운 눈총과 다그침을 피해 아예 취재진의 객실 안에 와 서 있었다. 수심어린 그 눈빛은 어쩌면 서울 종로거리쯤에서 좌판을 벌여놓았다가 단속반원이 들이치자 겁에 질렸음직한 우리 옛 이웃 아주머니의 모습과 너무도 닮아 있었다.

몽골 도로교통관광부 장관
라드나바자린 라쉬

바다가 없고 포장도로망도 발달되지 않은 몽골에서는 철도가
국가 경제에서 가장 중요한 역할을 한다. 울란바토르 철도청
에서 만난 라드나바자린 라쉬 철도청장은 "몽골 철도는 화물
운송 여력이 많은데도 충분히 활용되지 못하고 있다"며 "남
북한 철도가 이어지면 몽골~한국 간 교역도 더욱 활발해질
것"으로 기대했다.

－최근 주력해 온 사업은?

철도 역끼리 원활하게 정보를 교류할 수 있도록 통신 현대화 사업에 힘써 왔다. 일
본 정부의 차관을 얻어 이미 1400km의 철도 정보화 사업을 마무리한 상태이다. 앞
으로 열차 차량 수를 더 늘리고 시설 개선에도 주력할 생각이다.

－러시아 국경에서 몽골로 들어오는데 통관에만 3시간 넘게 걸렸다.
　통관이 신속해져야 하지 않겠는가?

러시아쪽과 협의를 계속하고 있다. 점차 개선될 것이다. 중국 쪽에서 오는 화물
운송을 원활히 하기 위해서도 국경지역에 있는 자밍우드 역을 확장하고 있다.

－장차 한국에서 유럽이나 중동쪽으로 철도화물을 보내려고 할 때
　만주 또는 중국 횡단 노선보다 몽골 횡단 노선이 갖는 좋은 점이 있다면?

몽골 노선은 다른 노선보다 운송거리가 최소한 1000km는 더 짧다. 그만큼 비용이
절감된다. 국경 통과가 문제라지만 다른 노선과 실험운송을 해보면 실제로 어느 쪽
이 나은지 확실히 드러날 것이다.

〈라쉬 장관은 2000년 11월 인터뷰 당시 철도청장이었음〉

283

38 · 몽골 수도 울란바토르
민족 혼 일깨우려 애쓰는 칭기즈 칸 후예들

'붉은 영웅'을 뜻하는 수도 울란바토르의 인구는 70여 만.
몽골의 전체 인구는 약 244만이다.
우리나라 인천광역시와 비슷한 인구가 한반도 일곱 배 크기 땅덩이에
흩어져 살고 있는 것이다.
몽골인민공화국이 출발하던 1920년대 초, 60여 만에 불과했던 인구를
출산 장려정책으로 꾸준히 불려온 결과다.

13세기 초반 칭기즈 칸이 외정外征에 나설 때만 해도 몽골계 유목민의 수는 약 180만 명이었다고 한다. 인류 역사상 가장 큰 영토를 확보했던 나라, 세계를 호령했던 초강대국의 후예들이 700여 년이 지난 오늘, 소수민족이 된 이유는 무엇일까.

남성 인구 40%가 라마승, 전 인구의 20%가 승려였던 시절도

몽골인 수가 줄어든 건 우선 유라시아 각지로 흩어진 원정군과 점령군 상당수가 현지에 정착한 영향을 들 수 있다.

1368년 원元이 망한 뒤 몽골고원으로 밀려난 몽골인들은 늘 중국과 러시아의 견제를 받아왔다. 1636년 고비사막 남쪽의 내몽골, 1691년에는 고비 사막 북쪽의 몽골마저 청淸의 지배를 받게 되더니 급기야는 북쪽 바이칼 호 주변 지역마저 러시아로 편입1689년돼 현재 40만의 몽골계 부랴트 인들이 부랴트 공화국에서 살고 있다.

울란바토르 북쪽에 있는 바얀골의 초원.
칭기즈 칸 때 유명했던 아홉 장수 (1. 지혜로운 장군 2. 용감한 장군 3. 영웅적인 장군 4. 정직한 장군
5. 법 만드는 장군 6. 활 잘 쏘는 장군 7. 영리한 장군 8. 강한 장군 9. 순종적인 장군)들의 조각상이 세워져 있다.

    220년간 청의 지배를 받아온 몽골은 1911년 독립을 선포, 10여 년의 투쟁 끝에 현재의 영토만으로 독립을 인정받았으나 내몽골 지역은 여전히 중국령으로 남아 있다. 1947년부터 내몽고中國에서는 몽골을 卑下해 蒙古로 표기해 왔다 자치구가 되었는데, 이곳에는 몽골국 전체 인구보다 많은 300만의 몽골인이 있다. 그러나 이들은 급속히 불어난 한족漢族들 틈새에서 중국어를 공용어로 사용하며 젊은 층에서는 고유 언어를 쓰는 숫자가 점점 줄어드는 형편이다.

    몽골 인구 감소는 종교적인 배경을 무시할 수 없다. 티베트에서 전래되어 16세기 후반부터 몽골 사회를 지배해 온 라마불교는 한 집에서 사내 아이 1명씩을 승려로 출가시키도록 되어 있었다. 이 때문에 사회주의 정권이 들어서기 전인 1920년대 초, 몽골 전역에는 700개가 넘는 사찰, 10만이 넘는 라마승이 있었다. 남성 인구의 40%가 결혼이 금지된 라마승이었으며, 전 인구 중 20%가 승려였던 것이다.

라마교 계율에 따르면, 일반 라마승의 경우 결혼 생활을 하지 않는다. 그러니 몽골에 승려가 늘면 인구는 줄어들 수밖에 없다. 일설에는 몽골의 부흥을 우려한 청나라가 인구 감소를 부추기기 위해 라마교를 이용하고 성병까지 퍼뜨렸다고도 한다.

중국은 적대시, 러시아엔 우호적인 국민정서

"몇 년 전만 해도 중국인들은 택시조차 마음 편히 타지 못했다"는 현지 한인들의 얘기에서 알 수 있듯이 몽골인들은 중국인을 달갑지 않게 여긴다. 오랫동안 중국의 지배를 받은 데다 삶의 터전이던 내몽골을 빼앗긴 까닭이다. 반면 러시아에는 우호적이다.

국경 역에서 러시아 세관원의 고압적 태도에 주눅 든 보따리상들의 모습을 본 기자는 몽골 젊은이들이 러시아에 대해 어떤 감정을 갖고 있는지 물어보곤 했으나 그들의 대답은 한결같았다.

"몽골의 독립을 지원해 준 우방이다." "울란바토르에 아파트를 많이 지어주었고 몽골횡단철도도 깔아줬다."

그러나 울란바토르 등지에서 취재진을 안내한 자야27세는 "러시아가 몽골의 독립을 도와준 건 중국에서 몽골을 분리시켜 자기네 영향권 아래 두려고 했던 것일 뿐"이라는 반응을 보였다. "중국 진출을 놓고 경쟁하던 일본이나 영국 같은 나라와 충돌을 피하면서 자기네 시베리아횡단철도를 지켜낼 완충지대를 확보하려 했던 것 아니냐"며 국제적인 이해관계를 날카롭게 꿰뚫었다.

여성들, 대학 진학 남성보다 많고 사회진출도 활발

외세의 지배는 민족의 자랑스런 역사를 왜곡하기 마련인가. 몽골인들은 "청의 지배를 받고 사회주의 정권이 들어선 뒤에도 칭기즈 칸을 찬양하고 가르치기 어려웠다"고 한다.

영웅 칭기즈 칸은 사회주의 국가였던 몽골이 개방 이후에야 비로소 민족 혼과 자긍심을 일깨우는 구심점으로 떠오르고 있다. 현재 몽골에서는 열쇠고리에서부터 보드카, 호텔 이름에 이르기까지 어디서고 그의 얼굴과 이름을 보고 들을 수 있다. 몽골인들은 칭기즈 칸이란 이름을 소중히 여긴다. 가장 좋은 호텔이나 제품 따위에 붙일 뿐 함부로 사용하지 않는다.

여대생 수가 남학생을 훨씬 앞지르는 것 역시 몽골 사회의 흥미로운 현상 가운데 하나다. 이유는 무얼까, 간단하다. 의무교육 과정 10년 중 8학년을 마치며 치르는 국가시험에서 남학생들이 대거 탈락하기 때문이다. 안내를 도운 체르마 24세에 의하면 "9~10학년 때부터는 남녀 학생 수가 4대 6 정도로 벌어진다"고 한다.

"왜 남학생이 많이 탈락하나?"

"딸은 좋은 교육을 받아야 한다는 생각이 부모들에게 지배적이고 본인들도 열심히 한다. 공부를 잘하는 학생은 친척들까지 나서서 뒷바라지해 주기도 한다. 남자들은 아무래도 부모를 도와 가업에 매달리다 보니 학업에만 집중하기 어려운 점도 있다."

몽골횡단열차의 차장이나 세관원은 물론 철도청을 방문했을 때도 여직원이 훨씬 많아 보였다. 굴착기 등 중장비를 운전하는 기사도 여성들의 수가 많다고 한다.

사회주의 시절에도 그랬지만 개방의 물결은 유목생활에 젖어온 남성들에게보다는 여성들의 활동에 더욱 영향을 미치는 모양이다. 최근 몽골의 이혼율이 날로 높아지고 있다는데 어쩌면 남녀 간 의식의 격차가 자꾸 커져가는 탓인지도 모를 일이다.

아파트 임대료 비싸도 젊은층에 인기

울란바토르 도심에는 5~10층짜리 아파트가 많다. 아파트는 젊은 세대에게

제2차 세계대전에서 전사한 몽골 군과
옛 소련 군인들을 추모하기 위해 세워진
몽골전승기념탑.
울란바토르 남쪽에 있다.

몽골전승기념탑 안의 벽화. *러시아 군인들이 승리의 주역이었음을 보여주고 있다.*

인기가 높다고 한다. 전기와 수도, 수세식 변소를 갖춘 방 3개짜리 아파트 값은 1만 5000~2만 달러약 *1950만~2600만 원*이며 월세는 100달러약 *13만 원*에서부터이다. TV와 가구 등을 갖췄을 경우 300~400달러에 빌려 쓸 수도 있다. 월 수입 100 달러를 밑도는 보통의 몽골인들에게는 엄청나게 비싼 수준이다. 이 때문에 한 집에 2~3가족이 모여 사는 예도 흔하다. 땅은 기본적으로 국가 소유이지만 민간에 임대되기도 한다.

최근 한 민간 단체가 울란바토르 시로부터 땅 6000평을 15년간 쓰기로 하고 지불했다는 임차료는 35만 원. 1년에 2만4000원꼴이다. 이 단체 관계자들은 시험삼아 몇 년 전부터 여기에 무·상추·쑥갓·감자 등을 심어 여름 내 싱싱한 야채를 수확해 왔다. 지난 해에는 감자 1.5 t 을 심어 10 t 을 거뒀다.

"강우량이 부족해 가끔 물을 대줘야 하지만 여름철 밭농사도 해 볼만하다"는 게 관계자들의 설명이다. 그러나 아직은 정착해서 농사짓는 몽골인을 찾아보기는 어려운 실정이다.

39 · 몽골 불교
파괴된 사찰 복구 등 문화재건 활기

울란바토르의 간단사원 앞, 앳되어 보이는 학승 여럿이 눈을 치우고 있었다.
두툼한 자줏빛 승려복 차림에 하얀 입김을 내쉬며
빗자루로 쓸고 널판으로 밀어내며
이쪽 저쪽으로 부지런히 움직이고 있었다.

정사각으로 높이 올라간 관음전 건물이 특이하다. 밑부분 절반쯤은 벽돌이고 위 2개층은 목조로 돼 있다. 안으로 들어서니 거대한 청동불상이 서 있다. 자그마치 26m가 넘는다고 한다. 야외도 아닌 실내에 이처럼 큰 불상이 있다는 게 흥미롭다.

공산혁명 이후 짓밟혔던 불교, 수난 딛고 부활

이 불상은 몽골 정부의 지원금과 온 국민의 성금으로 1996년 세워졌다. 원래 동양 최대의 금동불이 있던 자리였으나 옛 소련군이 실어가버려 수십 년간 내부가 텅 빈 채로 있었다.

공산정권이 무너지고 첫 대통령이 된 오치르바트는 사회 통합을 위해 불사에 나선지 6년만에 이 불상을 다시 세웠다. 건물 내벽에는 작은 불상이 수없이 둘러 앉아 있다. 치성드리는 사람들이 바친 돈인 듯 불상 주변 유리창 틈새에는 여기저기 10투그리크나 20투그리크짜리 몽골 지폐가 끼여 있다.

현재 절에 적을 둔 승려는 100여 명. 결혼한 승려가 대부분이지만 비구승도 있다고 한다. 경내에는 독경을 대신하는 둥근 통마니차이가 여러 개 있다. 이 통을 한 바퀴씩 돌리면 불교 경전이나 중요한 경구를 한 번씩 읽은 효과가 있다고 한다. 신도들은 통을 돌리거나 이마를 벽에 댄 채 무언가를 열심히 빌고 있었다.

한때 인구의 20%가 승려였을 만큼 번창했던 몽골 불교는 공산혁명 이후 점차 '사회의 공적公敵'으로 몰렸다. 특히 스탈린의 입김이 이곳까지 뻗치면서 1937~1938년 사이 2만여 승려를 포함해 10만 가까운 지식인이 몰살당했다. 760여 개 사찰 대부분이 파괴되거나 박물관, 창고 등으로 용도가 바뀌는 와중에도 간단사는 유일하게 명맥을 유지해 왔다.

통마니차이를 돌리며 소원을 비는 사람들.

"당시 공산정권의 회유를 거부한 승려들은 모두 강제노동수용소나 공장으로 끌려가 10여 년씩 중노동을 했다. 어떤 사찰은 군부대 막사나 창고로 전용됐고, 경전과 이를 찍는 목각 경판은 군인들의 땔감으로 쓰였다. 절에 있던 수많은 보물들이 트럭이나 열차에 실려 옛소련으로 옮겨졌다."

안내하던 자야의 얘기를 들어보니 몽골의 불교는 너무나 처참하게 짓밟혔다. 간단사의 경우 한동안 소련군의 막사와 마구간으로 쓰였으나 '전시용'으로나마 살아난 것은 1944년 미국 부통령 H. 월러스의 몽골 방문 때문이었다.

간단사 내 거대 불상.
공산 정권 마감 후 사회 통합 위해
새로 세워졌다.

간단사의 승려들.
간단사원에는 100여 명의 승려가 활동하고 있으며 부설 불교대학이 운영되고 있다.

당시 스탈린은 월러스 부통령에게 몽골의 불교문화를 보여줄 수 있게 준비해 줄 것을 긴급히 요청했고, 이에 따라 몽골 정부는 부랴부랴 전국에 수소문해 이 미 '씨를 말린' 승려들을 다시 찾아냈다. 이때 나선 자원자가 7명. 실낱같던 불 교의 명줄은 이들로 해서 간신히 이어졌다. 개방 이후 부서진 사찰 가운데 전국 적으로 250여 곳이 복구됐다고 한다.

무참히 짓밟혔던 불교가 마침내 되살아난 것이다.

기구한 역사 간직한 겨울궁전

박물관이 된 겨울궁전은 기구한 내력을 간직하고 있었다.
몽골 불교의 중심인물인 제8대 복트 게겐 자브잔담바*1870~1924*는 청조清朝의 명

지금은 박물관이 된
겨울궁전 전경.
겨울궁전은
주거용 2층 건물과
일곱 개의 부속 절로
이루어져 있다.

복트 게겐의 겨울궁전(왼쪽)과 몽골 불교의 중심인물인
제8대 복트 게겐 자브잔담바(오른쪽 맨 위).
1893년 복트 게겐의 거처로 세워진 이 궁은 그가 죽은
후 박물관이 되어 황실의 유품과 악기, 탱화, 불상 등을
전시하고 있다. 맨 아래는 겨울궁전에 전시되어 있는
황실전용 마차.

령으로 5세 때 티베트에서 몽골로 끌려와 평생을 이곳에서 보냈다. 1893년 그의 거처로 세워진 이 궁은 주거용 2층 건물과 7개의 절로 이루어져 있다.

종정宗正이었던 복트 게겐은 1911년 독립국 몽골의 칸汗으로 추대됐고 1921년 인민혁명 뒤 군주가 된다. 1924년 그가 숨지자 군주제는 폐지됐고, 이후 이곳은 박물관이 되어 황실의 유품과 악기, 탱화, 불상 등을 전시하고 있다.

몽골의 사원 건축물은 우리 눈에는 어설프고 거칠게 보인다. 중국의 목수와 기술자들이 많이 와서 일했다는 데도 단청이든 건물 내외부 장식 따위에 있어서 우리의 사원건축에 비해 웅장함이나 섬세한 맛이 떨어진다. 아마 유목생활을 하며 이동식 천막 게르에 익숙했던 이들로서는 정교한 건축문화를 꽃피우기가 어려웠기 때문일 것이다. 대신 소박하고 안온한 느낌을 주는 면도 있다.

겨울궁전에 딸린 사원 등을 쇠못 하나 쓰지 않고 세웠다니 그 재주가 놀랍다.

앳된 소녀에서 성숙한 여인의 모습까지, 겨울궁전의 타라관음상

박물관에는 유달리 시선을 끄는 불상이 있다. 몽골 여성을 닮은 '타라관음多羅觀音상'이다. 높이는 80cm쯤 될까. 17세기 후반, 몽골 불교 최고 지도자였던 자나바자1635~1723의 작품으로, 보름달처럼 동그란 얼굴에 젖가슴이 풍만하다. 잘룩한 허리가 휘어진 채로 비스듬히 앉아 있는 모습이다.

타라관음상. 소녀에서부터 성숙한 여인의 모습까지 21개의 연작으로 이루어져 있다.

사랑했지만 결혼할 수 없었던 여인, 평생 마음 속에 그리움을 남긴 한 여성을 형상화했다고도 하고, 옛부터 전해 온 녹색타라의 이미지라고도 한다.

관음보살을 땅의 여인으로 끌어내린 것인가. 아니면 한 여인을 성스러운 구원의 징표로 승화시킨 것인가. 앳된 소녀의 모습에서부터 성숙한 처녀에 이르기까지 21종의 시리즈로 제작된 '타라관음상' 은 국립미술 박물관과 복트 칸 박물관 등에 보관돼 있다.

자나바자는 티베트에 유학했던 화가이자 조각가이며 언어학자, 건축학자로 다방면에 뛰어난 업적을 남겼다. 초대 복트 칸으로서 몽골의 불교문화를 꽃피운 주역이었다. 그러나 1691년 싸워볼 생각도 하지 않고 몽골의 국권을 중국에 '헌납' 함으로써 정치적으로 '망국의 한' 을 남긴 인물로 비판받기도 했다.

남녀교합 상징, 이색 조각상

8대 복트 칸의 동생을 위해 1908년 세워진 초이진 라마사원은 몽골에서 가장 아름다운 절로 꼽힌다. 게다가 이곳에 보관된 불상과 탈은 우리 것과 흡사한 것이 많아 친근감을 더해 준다. 그러나 손이 여럿 달린 신상과 남녀교합상男女交合像 등 전혀 색다른 것도 있다.

마주 서 있거나 앉아 있는 모습, 얼굴이 여러 개 달린 남녀신상 등으로 다양하다. 혹시 성적인 엑스타시가 초월적인 경험이나 종교적 열반의 경지와 상통한다는 믿음에서 비롯된 것일까. 자나바자 같은 불교계의 지도층이 이같은 신상을 만들었다면 분명 남녀의 성적 결합에 대해 종교적인 의미와 해석이 담겨 있을 것이다.

라마승은 계율에 따라 결혼 생활을 하지는 않았지만 예전엔 결혼식을 올린 여자와 첫날 밤을 지내는 예도 있었다고 한다. 이른바 초야권初夜權을 라마승이 갖고 있었다는 것이다. 이런 풍설이 왜곡과 흑색선전 탓인지, 실제 종교적인 해석이나 유목민의 생활 습속에서 비롯된 것인지는 좀 더 탐문해 봐야 할 것 같다.

40 · 몽골의 한인들
몽골 '마지막 황제 주치의' 였던
이태준 선생

울란바토르 시내에는 한국산 자동차가 많이 운행되고 있다.
몽골 거리를 누비는 자동차 70% 정도가 한국에서 수입된 중고 자동차들이다.
액센트와 쏘나타 승용차는 물론 갤로퍼 · 무쏘 등 차종도 다양하다.
거리에는 '분당~사기막골' 이라는 행선지 표지를 단 버스,
'대치동 마을버스' 와 '오현고등학교' 의 스쿨버스도 다닌다.
한국에서 중고차를 수입할 때 붙어있던 차량 표지판을 그대로
달고 다니는 것이다.

몽골에는 서울의 거리가 있다. 도심에는 '남양주 거리' 도 있다. 한국 · 몽골 간
친선이 다져지면서 새로 생긴 거리 이름들이다.

몽골인의 삶이 크게 달라졌음을 보여주는 색다른 징표도 있다. 모스크바를 능
가하는 듯한 휴대전화 보급률이다. 취재기자를 안내한 체르마는 물론 일반 대학
생 사이에서도 휴대폰을 쓰는 이가 종종 눈에 띄었다.

비빔밥, 갈비탕 등 한식 즐기고, 韓 · 夢 합작 핸드폰 사용 日 능가

한국 SK텔레콤과 몽골 합작인 스카이텔이 1999년 7월부터 이동전화 서비스
에 나서 먼저 진출한 일본 업체를 제치고 시장의 반 이상을 차지하고 있다. 구형
아날로그식이지만 기지국 시설과 교환기까지 한국에서 가져다 설치했기 때문에
일제보다 단말기 값이 훨씬 싸다.

몽골에 있는 우리 교민은 1000여 명 정도. 대부분 울란바토르에 거주하며 주
로 요식업, 여행업, 도 · 소매업 등에 진출해 있다. 시내에는 한식당이 몇 곳 있

지만 그중에서도 '서울레스토랑'은 몽골의 부유층과 고위 공무원들이 애용하는 식당이다. 이 식당 우형민 사장은 "몽골 정부가 국빈 만찬 등을 여기서 종종 열다 보니 명사들이 많이 드나든다"며 "양식과 한식, 뷔페를 두루 취급하는데 요즘은 몽골인들도 비빔밥이나 갈비탕 같은 한식을 즐겨 먹는다"고 설명했다.

이태준 기념공원 조성 주도한 몽골의 연세병원 전의철 원장

도심에 자리잡은 연세병원은 친절한 진료와 한국인 의료진의 꾸준한 의료봉사 활동으로 몽골사회에 칭송이 자자하다. 특히 전의철 박사는 이 병원 설립 후 1994년부터 원장으로 있다가 물러난 뒤에도 여러 해 동안 의료봉사를 계속하며 '이태준 선생 기념공원' 조성에 심혈을 기울였다.

전의철 박사 부부와 공원 안에 조성된 이태준 선생 가묘.

이태준1883~1921 선생은 몽골 마지막 왕 8대 복트 칸 주치의로 활약하면서 조국의 독립운동에도 힘쓴 인물이다. 일본군의 사주로 러시아 백군에게 붙잡혀 살해됐다.

울란바토르의 전쟁기념비 바로 아래쪽에 자리잡은 이태준 선생 기념공원은 지난 겨울에 찾았을 때보다 한결 단장이 잘 돼 있었다. 울란바토르 시가 기증한 2100여 평 땅에는 잔디로 덮인 이태준 선생 가묘가 있고, 한국의 건축미를 보여주는 팔각정 건물이 있다. 한국 산야의 정취가 느껴지게 하는 잣나무도 자라고 있다.

한국인을 기리는 공원을 몽골 땅에서 보게 되니 가슴이 뿌듯하다. 이역만리에서 80년 동안이나 묻혀 있던 애국지사의 자취가 아닌가. 뒤늦게나마 한·몽골간 깊은 우호친선의 사표師表로 빛을 보게 됐으니 천만다행이다.

전 박사는 말한다.

"몽골 땅에서 병원을 개업한 한국인 의사론 제가 처음인줄 알았지요. 그런데 벌써 88년 전 이 땅에 인술을 편 선구자가 있었습니다. 이태준李泰俊선생, 이분이

이태준 선생 추모비.

애국지사 이태준 선생을 추모함

대암 이태준(大岩 李泰俊)선생은 1883년 11월 21일 경남 함안에서 태어났다. 1907년 세브란스의학교(현 연세대학교 의과대학)에 입학하여 1911년에 제2회로 졸업하였다. 선생은 김필순, 주현칙과 함께 안창호 선생이 만든 '청년학우회'에 가입하여 독립운동을 하였다. 세브란스병원 인턴으로 근무하던 중 1912년에는 중국 남경으로 망명하여 '기독회의원'에서 의사로 일을 하다가 처사촌이 된 애국지사 김규식 선생의 권유로 1914년에 몽골 후레로 가서 '동의의국'이라는 병원을 개설하였다. 특히 '화류병' 퇴치에 앞장섰고, 몽골 마지막 황제 주치의가 되었으며, 1919년에는 몽골로부터 '에르데니오치르'라는 최고의 훈장을 받았다. 1921년 2월 당시 일본과 긴밀한 관계를 유지하던 러시아 백군에 의하여 피살당하니 38세의 아까운 나이였다. 선생의 묘는 성산인 버그드 산에 있다고 전하며, 1980년 한국정부는 대통령표창을 추서하였다. 사랑하는 아름다운 몽골 초원에서 고이 잠들어 있는 위대한 의사요, 애국지사인 이태준 선생을 추모하여 삼가 명복을 빌며 이 비를 세운다.

2000년 7월 7일
한국몽골학회장 최기호,
연세의대 동은의학박물관장 박형우 적음

전승기념탑 가까이에 조성된 이태준 선생 기념공원.
사진 중앙 강변 쪽으로 팔각정이 작게 보인다.

1912년부터 항일 독립운동을 펴면서 울란바토르에 동의의국同義醫局이라는 병원을 개업했고, 몽골 황제의 어의御醫로까지 활약했습니다. 그러다 1921년 러시아 군에 붙들려 38세의 젊은 나이에 돌아가셨습니다. 한 세기가 다 되도록 이런 내용이 묻혀 있었어요."

이런 선각자가 있었다는 사실을 알게 되면서 전 박사는 '이태준 선생 기념공원' 조성에 나섰다. 그는 이태준 선생 시신이 묻힌 곳을 찾아내려고 몽골 정부 기록보존소를 뒤지고 국영TV에 광고방송을 내보내며 제보자를 찾았으나 그 위치를 확인할 수 없었다. 결국 묘소 찾기를 접은 채 기념비라도 세워야겠다는 생각에 2000년 초 울란바토르 시에 200평쯤 터를 내달라고 요청했다.

'과연 땅을 내줄까?' 기다리던 그에게 뜻밖의 회답이 나왔다. 시에서 대통령궁과 가까운 부지 2127평을 내주겠다며 여기에 기념공원을 세우면 어떠냐고 제안해 온 것이다. 시 전체가 한눈에 내려다 보이는 전쟁기념비 바로 아래쪽인데다 시민이나 관광객들이 자주 찾는 산자락이니 더할 나위 없이 좋은 위치였다.

그는 연세의료원 등의 지원을 받아 이곳에 기념비와 이선생 묘비를 세워 그해 7월 제막식을 가졌다.

대학가의 큰 관심, 한국학과

'솔롱고스무지개'의 나라 한국에 대한 몽골인의 관심이 높아지면서 요즘 몽골의 대학가에서는 한국어 붐이 일고 있다. 몽골국립대 등에서 한국어가 영어, 일본어와 함께 인기학과로 떠오른 것이다. 경기도 남양주시와 이 지역 유지들이 여러 해 전부터 꾸준히 벌여 온 장학사업도 한국어 붐에 일조하고 있다. 이 장학사업은 최근 울란바토르시 바양주르구 13구역에 '남양주 문화관'이 들어서면서 교류사업은 더욱 활기를 띨 전망이다.

가정연합 등 선교 활기, 젊은층에 인기

남양주시와 남양주몽골장학회가 세운 이 문화관은 대지 500평에 지하 1층과 지상 3층, 연건평 555평인데, 한국상품전시실과 홍보관, 문화체험관, 어학·문화강좌를 위한 다용도실까지 갖추고 있다. 여기서 나오는 점포 임대 수입은 몽골국립대 등의 장학금 지원사업에 쓰인다고 한다.

몽골에는 한국인 개신교 선교사들이 수십 명 나와 있다. 그러나 불교의 부흥과 함께 외국인의 선교를 경계하는 사회적 분위기로 선교활동에 어려움이 있다고 한다. 이 가운데서도 세계평화통일가정연합통일교회은 1000여 명의 젊은이가 모일 정도로 활발한 선교 기반을 닦고 있다. 이들은 몽골학교에 도덕 교재를 만들어 보급하는가 하면 주말과 방학이면 수십, 수백 명이 참가하는 수련회와 캠프를 수시로 열고 있다고 한다.

이태준 선생, 누구인가

황실 어의御醫 활약… 상해 임시정부
독립운동 지원
1919년 몽골 최고 훈장 받아… 러 백군에 피살

1883년 경남 함안 생. 1907년 세브란스의학교현 연세 의대에 입학해 1911년2회 졸업했다. 한동안 중국의 남경으로 망명해 '기독회의원'에서 의술을 펴다 1914년쯤 몽골에 항일 혁명단체 조직을 계획하던 김규식 선생의 권유로 활동무대를 울란바토르로 옮겼다.

선생은 이곳에 '동의의국'이란 병원을 세워 당시 몽골 국민 사이에 크게 번져 있던 화류병을 퇴치했고, 몽골 마지막 황제였던 복트 칸의 주치의를 지냈다. 1919년 이 나라 최고 훈장인 '에르테닝 오치르'를 받았다.

선생은 러시아에서 상해 임시정부로 가는 독립운동자금 40만 루블을 무사히 전달하고 의열단에도 가입해 항일투쟁을 도왔다.

1921년 2월 일본과 긴밀한 관계를 유지하던 러시아 백군에 체포돼 살해당했다. 선생의 묘는 몽골의 성산인 남산에 있었다고 전해진다.

1980년 한국 정부는 선생의 공훈을 기려 대통령표창을 추서하였다. 이같은 내용은 지난 1998년 4월 연세대에서 열린 '한국 의사 배출 90주년 기념강연회'에서 한국 외대 반병률 교수의 '세브란스와 독립운동'이라는 강연을 통해 널리 알려지기 시작했다.

드넓은 초원, 밤하늘엔 별이 흐르고

몽골의 겨울은 10월부터 5월 중순까지 이어진다.
1월 아침 기온은 평균 영하 25도, 낮 기온은 영하 16도쯤이다.
가장 더운 7월의 아침 기온은 11도, 낮 기온은 21도.
연중 강수량은 230여mm에 불과하다.
몽골횡단열차로 북쪽에서 남쪽까지 1113km를 달리는 동안
창밖으로 숲다운 숲을 찾아보기 어려웠다.
워낙 고원지대인데다 강수량도 적은 탓인가.
가까이 또는 멀리 보이는 산들은 거의가 민둥산이었다.

한국인에게 예전 보릿고개가 힘들었듯이 몽골에선 4~5월이 가장 힘든 때이다. 낮 기온이 영상으로 올라가면서 세찬 흙먼지 바람이 불어 겨우내 추위에 시달린 사람과 가축을 괴롭힌다. 가축도 오랫동안 풀을 뜯지 못해 뼈만 앙상해진다. 이때쯤이면 고깃값도 11월보다 두 배 이상 뛴다.

우유 발효시킨 말젖 등이 주식

몽골에서는 경제활동 인구의 절반 가까운 40만 유목민이 3000만여 마리의 가축을 기른다. 가축은 주로 양과 염소, 소와 말, 낙타 등이다. 사람들은 예전엔 가축 수십 수백 마리를 이끌고 1년에도 몇 차례씩 이곳 저곳으로 옮겨 다녔다. 그러나 요즘엔 계획적이며 집단적인 정착 목축이 늘어 물과 풀을 찾아 유랑하던 방식은 점차 사라지고 있다.

겨울에 몽골을 다녀온 뒤 기자는 이듬해 7월 하순 몽골을 다시 찾았다. 처음 미처 살피지 못한 몽골의 자연과 초원을 보고 싶었고 몽골인의 전통적인 삶을

몽골 국립공원 테렐지 한복판에 있는 거북바위.

편린이나마 더 경험하고 싶어서였다.

울란바토르에서 자동차로 1시간 거리에 있는 몽골국립공원 테렐지는 자연경관이 빼어난 곳이다. 초원 위 여기저기에 버섯처럼 피어 있는 하얀 천막집 게르, 병풍처럼 펼쳐져 있는 기암괴석과 풀밭에서 한가로이 풀을 뜯는 양·소·염소 떼들은 그대로 한 폭의 그림이었다. 몽골의 자연을 노래한 알타이 서사시의 장면이 바로 테렐지의 초원에 펼쳐지고 있었다.

아름다운 산과 계곡 사이에／ 하얀 궁궐 두 채가 나란히 세워졌네.
왕의 궁궐 세워지니／ 현란한 황금빛 장식은／ 햇살에 반사되어 반짝이네.

풀밭을 걸으면 놀란 메뚜기 떼가 사방으로 흩어진다. 뽀얀 솜털의 에델바이스는 곳곳에서 앙증맞게 머리를 내밀고, 길섶이나 산기슭에는 이름 모를 야생화가 무리지어 보랏빛 물결로 너울거린다. 날씨는 한국의 가을처럼 청명하고 햇살도 따가웠지만 새벽에는 초겨울처럼 썰렁해 게르 안에서도 난롯불을 지펴야 했다. 이른 아침이면 서리가 하얗게 내려 있기도 했다.

소나 양 잡아 겨울 대비 '고기 김장'

몽골의 초원에서 보는 밤하늘은 황홀했다. 한밤 중 게르 바깥으로 나섰을 때 갑자기 손에 잡힐 듯 가까이 내려와 있는 별들, 강물처럼 흐르는 은하수, 이 아름다운 밤하늘을 모른 채 잠자는 이들이 안쓰러웠는지 일행 한 사람이 게르 밖에서 큰소리로 사람들을 불러댔다. 몇 사람은 그 외침에 놀라 눈을 비비며 나왔다가 그만 탄성을 연발했다.

현지 가정연합지부가 몽골 정부로부터 임차해 쓰고 있는 바양골의 초원은 또 다른 아름다움을 간직한 곳이었다. 예전 몽골 정부가 쓰던 휴양지라는데, 울란

몽골의 초원.

바양골 초원에서 젊은이들이 몽골 전통 씨름을 하고 있다.
씨름은 말타기, 활쏘기와 함께 몽골 최대의 놀이행사인 나담축제 주종목이다.

바토르에서 만달 역까지 열차로 2시간, 다시 버스로 30여 분 걸리는 곳이었다.

개울과 드넓은 평원이 내려다보이는 산자락 125만 평의 초원에는 통나무집 30여 채와 새로 세운 게르 세 채가 서 있었다. 때마침 방학을 맞은 몽골의 청소년 200여 명이 여기서 캠프를 열고 있었다.

테렐지 같은 관광지와 달리 여기서는 하루종일 말을 빌려 타는 데 5달러면 충분했다. 현지 청년들의 안내로 기자는 몽골인이 사는 집을 찾아보기도 했다.

말과 소 수십 마리를 기르는 50대의 주인 내외는 우리 방문객들에게 우유를 건조한 '아롤'과 말젖을 발효시킨 '아이락^{마유주}'을 대접했다. 이들은 먼 곳으로 이동할 때는 말린 고기 '보르츠'를 이용한다고 한다. 건조한 고기를 미싯가루처럼 잘게 부수어 암소의 복막이나 방광 등에 담아 보관한다. 지니고 다니다가 뜨거운 물에 몇 술 부어 저어 마시면 그대로 훌륭한 식사가 된다는 것이다. 우리가 김장을 담그듯 이들은 겨울을 대비해 소와 양 2~3마리를 잡아 잘게 썰어 찬 곳

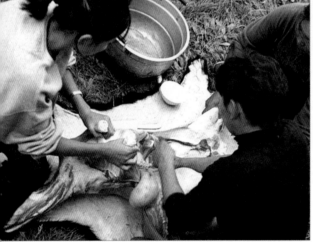

익숙한 솜씨로 염소를 잡는 몽골 젊은이들.

에 보관한다. 이 고기는 긴 겨우 내 주식으로 쓰인다.

몽골 젊은이들이 가축을 잡는 광경은 경이로웠다. 이들은 피 한 방울 나오지 않게 간단히 염 소를 잡아 '분해' 했다.

염소를 땅 위에 눕힌 뒤 앞가 슴을 작은 칼로 10cm쯤 찢더니 손을 집어넣는다. 심장 동맥을 움켜쥐면 염소는 사지를 잠시 버둥거리다 그만 조용해진다. 두 사람이 칼로 염소의 가슴에 서 사타구니까지 가른 뒤 가죽 을 벗겨 땅 위에 펼쳐놓는다. 배 를 갈라 내장을 꺼내고 머리와 갈비 다리 등을 따로 잘라내는 데까지 20여 분. 숙련된 솜씨로 순식간에 작업을 끝낸다. 몽골 청년들은 누구나 능숙하게 이처 럼 가축을 잡을 줄 안다고 한다.

한국 사람 있다는 소문 듣고 먼 길 찾아온 할머니

바양골 초원에서의 둘째 날 해가 서쪽으로 기울 무렵, 우리가 묵고 있는 게르 를 찾아온 손님이 있었다. 화사한 전통복장 '델' 을 차려입고 큰 보따리를 든 다르 수렝 할머니(62세)와 어린 손녀였다. 음식 파는 사람인가 여겼으나 이야기를 나눠 보니 그게 아니었다. "아들이 한국에 가 있는데, 한국 사람들이 여기 왔다기에 반가워서 찾아왔다"는 것이었다.

아들 이름은 '별이 나올 때 탄생했다'고
해서 오트 기브*38세*. 1년 반 전 서울로 떠나
어느 봉재공장에 취직해 있다고 했다. 어쩌
다 편지가 오지만 할머니는 아들의 주소나
전화번호를 모른다.

할머니는 보따리를 풀어 정성껏 준비한
요쿠르트와 우유, 전통음식인 '아롤' 등을
우리에게 권했다. 요쿠르트를 담은 보온병
과 컵은 아들이 한국에서 보내준 것이라고
했다.

다르수렝 할머니.

객지에 나간 아들이 얼마나 그리웠으면, 아들
이 있는 한국에서 온 사람들이 있다는 소문만 듣고 무조건 먼 길을 달려 왔을까.
음식까지 싸들고…. 한없는 모정에 가슴이 찡해진다.

일행 가운데 한 분이 할머니에게 손목시계를 선사했다. 손녀에게는 색연필과
볼펜, 용돈도 쥐어줬다.

2001년 말 한국에 와 있는 몽골인은 1만 2000여 명이었다. 2008년 현재는 2
만 5000명쯤으로 알려져 있다. 이들이 1인당 월 200달러만 모국에 송금한다고
가정해도 합치면 월 700만 달러, 연간 8400만 달러가 넘는다. 불법체류자가 많
다고 해도 이들이 보내는 돈이 몽골 경제에는 큰 힘이 될 것이다.

이튿날 비가 온 뒤 초원 위로는 쌍무지개가 떴다. 이쪽 산에서 건너편 산자락
까지 하늘 위로 5색 구름다리가 이어졌다. 몽골말로 무지개를 뜻하는 '솔롱고
스'는 한국을 가리키는 말이기도 하다.

몽골인에게 한국은 아름다운 나라이며 기회의 땅으로 여겨지는 듯하다.

간단사원에서
탑을 돌며
소원을 비는 사람들.

42 · 몽골의 자연-2
공룡이 묻혀 있는 고비사막
1억 년 전 생명의 신비

울란바토르의 국립자연사박물관은 마루가 깔린 낡은 건물이었다.
하지만 몽골의 자연 환경을 보여주는 광석 · 화석 · 운석,
동물 표본 등의 전시물은 매우 흥미로웠다. 특히
거대한 타르보사우르스*티라노사우르스 바타르*를 비롯해 크고 작은 공룡 골격을
실물로 전시해 놓은 공룡실은 관람객의 눈길을 끌기에 충분했다.

소처럼 작은 공룡도 있지만 어마어마한 덩치의 타르보사우르스는 6800만 년 전 지구상에서 가장 힘이 셌던 육식 동물이었다. 이빨 하나의 길이가 16cm나 되는 이 공룡은 한입에 고기 200kg을 물어뜯을 수 있었다고 한다. 몸길이 16m, 머리통 길이만 1.35m이다.

바로 옆 전시실의 또 다른 공룡 뼛조각은 자그마치 폭이 2m는 되어 보인다. 어른 두 명이 발을 뻗고 누울 수 있는 더블침대 크기만 하다.

버려진 생명의 역사 생생히 담은 고비사막

1920년대 미국의 탐사대가 고비사막을 탐사하면서 9500만 년 전의 공룡 알을 수십 개 발굴해낸 이래, 고비사막은 공룡화석의 보고로 알려져 왔다. 몽골의 고생물학자나 지질학자들은 옛 소련이나 폴란드, 캐나다, 일본 등과 장기간에 걸쳐 수십 차례의 탐사 활동을 벌여왔고, 지금도 미국 등과 공동 탐사를 진행하고 있다. 요즘들어 고비사막을 찾는 관광객들도 부쩍 늘어간다고 한다.

고비자연박물관에
전시된
타르보사우르스의 뼈와
거대한 동물 뼛조각.

울란바토르에서 경비행기나 지프를 타고 그들은 이 외진 황무지를 찾아간다. 드넓은 사막으로 그들은 무얼 하러 가는 것일까. 도대체 무엇을 보는 것일까. 문명의 때가 묻지 않은 원초적 자연, 광활한 대지 위로 펼쳐지는 파란 하늘, 밤하늘에 무수히 빛나는 별들을 온 가슴으로 느껴 보려고 사막을 찾는 게 아닐까.

박물관에서 만난 한 한국인 여행객은 "며칠 전 고비사막 '독수리계곡'으로 불리는 욜암까지 차로 다녀왔다"며 "고비박물관에 가보니 공룡알이 널려 있더라"고 했다. 그는 "사막이라 모래만 있는 줄 알았더니 듬성듬성 잡초가 돋아 있었다"면서 "유목민에게서 낙타를 빌려 타고 다니다가 호수 모양의 신기루를 보았다"고도 한다.

그의 말처럼 색다른 대자연을 체험하는 것, 그 속에서 생명에의 외경畏敬을 느끼는 것, 바로 고비를 찾는 이유이리라. 어쩌면 고비사막은 그 자체로 자연의 섭리를 일깨우는 거대한 자연사박물관인지도 모른다. 문명의 손길이 미치지 않은 드넓은 공간에서 지내다보면 자연에 대한 인간의 자만이란 얼마나 부질없는 것인가를 절감하지 않겠는가.

수천만 년 생명의 역사를 켜켜이 간직해 온 고비사막의 지층은 바람에 날리고 깎이면서 감추어 둔 흔적을 하나하나 드러내 왔다. 그 흔적은 그저 몇백 년, 몇천 년의 단위가 아니요, 기록의 유무로 따지는 선사 시대니 역사 시대니 하는 차원도 아니다. 자그마치 고생인류 탄생에서부터 오늘날까지 몇백만 년조차 그저 한 순간으로 보일 만큼 까마득한 창세創世의 흔적인 것이다.

인간이 등장하기 훨씬 전 1억 6000만 년간이나 지구의 주인 노릇을 했던 공룡들은 왜 사라졌을까. 지구상에 등장한지 고작해야 몇백만 년밖에 안된 인간은 과연 이 땅에서 영원히 주인 노릇을 할 수 있을 것인가. 생명의 뿌리에 대한 의문이 새삼 머릿속을 맴돈다.

버려진 사막에 생생히 담긴 생명의 역사는 경이롭다. 마치 몽골초원에서 세계 최대의 영토를 가진 제국이 탄생했었던 듯, 별 것 아닌 듯 해 보이는 이 황무지가 거대한 역사의 무게를 지탱하고 있다는 사실에 기자는 한동안 전율했다. 1억 년 생명의 역사가 깃든 땅, 그러한 태고의 신비를 일깨우는 현장이 고비사막인 것이다. 아직 변변한 자연사박물관 하나 없는 우리로서 몽골에 이런 전시물이 있다는 건 부러운 일이다. 도시에서 태어나 도시에서 생활하며 자연을 잊고 살아가는 한국의 청소년은 얼마나 가여운가.

코흘리개 시절부터 매연 속에서 학교로, 학원으로 콘크리트 숲을 오가는 우리의 어린이들. 풀과 별, 흙의 소중함을 모르고 자연의 섭리를 잊은 채 전자오락에 탐닉하는 우리 아들 딸들의 심성이 메말라 가는 건 어찌보면 당연한 일일 것이다. 우리의 자녀들이 초원에서 가축과 더불어, 자연과 더불어 사는 유목민의 자녀보다 더 행복하다 말할 수 있을까…. 자연사박물관에서 기자는 잠시 그런 상념에 젖었다.

박물관을 나온 뒤 재래시장을 찾았다. 시장 입구에서는 손님들에게 입장료를 받는다. 러시아에서도 하바로프스크 등 몇 군데 그런 곳이 있었다. 물건을 사려고 왔는 데도 입장료를 내야 한다는 게 우리로선 얼핏 이해하기 어렵다.

이곳에는 값나가는 공산품은 보이지 않았다. 하지만 장신구와 완구류, 의류, 가죽제품, 양탄자, 신발류와 잡화 등을 팔고 사는 사람들로 몹시 붐비고 있었다.

소고기 등 1만 원어치로 20여 명이 포식

목축이 성한 만큼 몽골은 양탄자나 가죽제품, 캐시미어산 양털로 짠 직물 등 특산물이 다양하다. 특히 캐시미어의 품질이 뛰어난 건 겨울이 길고 추운 데다 습도가 낮은 고원지대에서 자란 동물 털의 질이 좋은 까닭이다. 가죽 조끼 한 벌 값이 2~3만 원 정도로 매우 값싸지만, 가죽의 질에 비해 바느질 솜씨는 아무래도 엉성한 티가 난다. 양모로 된 거실용 양탄자는 두 평 정도 크기의 것이 14만 원 정도. 서울의 물가와는 비교할 수 없을 정도로 저렴한 가격이다.

몽골산 캐시미어 원사는 일찍부터 유럽이나 일본 등지로 수출돼 왔다. 최근

에는 일본과 유럽의 설비를 갖춘 캐시미어 합작회사 '고비' 등 몇몇 회사에서 캐시미어 의류가 출시되고 있다.

고비 사는 공장 옆에 직영판매점을 두고 캐시미어와 낙타 털로 짠 의류를 팔고 있다. 이곳 제품은 한국에 비해 훨씬 싼 값이다. 그러나 캐시미어 티셔츠는 한 장에 3만 원이 넘으니 비싼 가격이다. 판매원에게 비싼 것 아니냐고 물었더니, "캐시미어는 양털처럼 깎아서 채취하는 게 아니라 부드러운 속털만 쇠빗으로 빗어내기 때문"이라며, "여자 스웨터 한 벌을 만드는 데만 네 마리의 양털이 필요하며 울 제품 보다 공임이 많이 든다"고 한다.

울란바토르를 떠나기 전 날, 기자는 안내를 도운 몽골의 젊은이들과 함께 한국 부인들이 손수 마련한 한식으로 푸짐한 만찬을 즐겼다. 소고기 7000원어치가 약 4kg, 야채를 사는데 2500원을 들였다. 서울에서는 1인분어치도 안 될 돈으로 20여 명이 포식을 할 수 있었으니…. 몽골의 자연은 값싸며 풍성하다.

43 · 중국行 열차
국경 넘으며 '열차 바퀴' 갈아끼우기

베이징으로 떠나는 날 아침. 취재진이 울란바토르 역에 도착했을 때는
이미 열차가 출발을 기다리며 플랫폼에 서 있었다.
몇 달, 아니 몇 년 뒤를 기약하며 먼 길 떠나는 이들인가.
작별을 앞둔 남녀들이 여기저기서 뜨겁게 포옹을 하고 있다.
울란바토르에서 베이징까지의 거리는 1550여km.
국경에서 시간을 지체하기 때문에 꼬박 하루 한나절약 31시간이 걸린다.

11월 몽골의 대지는 온통 흰 눈으로 덮여 있었다. 열차가 멈추는 역 주변을 빼
고는 인가도 거의 없다. 어쩌다 멀리 게르가 한두 채씩 보이고 눈밭을 뒤지며 마
른 풀을 찾는 소와 양떼가 눈에 띌 뿐이다. 열차 안에는 러시아에서 몽골로 들어
올 때처럼 시끌벅적거리던 보따리상은 보이지 않았다.

12시간쯤 지나 국경의 마지막 역인 자민우드와 중국 땅 첫 정거장 에렌호트에
서는 각기 세관검사가 있었다. 이곳에서 열차는 한동안 후진과 전진을 되풀이하
더니 길이 300m쯤 돼 보이는 기다란 건물 안으로 들어갔다.

"아, 바로 이곳이구나, 열차 바퀴를 갈아 끼운다는 곳이."

러시아와 몽골의 철도는 광궤폭1520㎜이지만 중국과 남북한은 표준궤1435㎜를 쓴
다. 북한~러시아, 몽골~중국을 오가는 열차는 국경에서 바퀴를 갈아주어야 계
속 달릴 수 있는 것이다. 그렇지 않으면 환적換積시설로 짐을 옮겨 실어야 한다.
평소 열차 바퀴를 어떻게 바꾸는지 궁금했던 기자는 그 진행 과정을 유심히 지

켜봤다.

건물 안 중앙에 선로가 두 줄 깔려 있고 벽쪽으로는 바퀴 달린 차대가 길게 늘어서 있다. 벽과 기둥 여기 저기에는 붉은색 한자로 '안전제일' '규범관리' 등의 글씨와 '책임은 태산보다 중하다責任重於泰山'는 표어가 붙어 있다.

객실 차량들은 두 개 선로로 분산됐다. 승객을 모두 열차 안에 남기고 차장만 밖으로 내렸다. 출입구는 잠긴 상태였다.

잠시 후 열차는 차량 바퀴만 땅에 남겨둔 채 공중으로 들어올려졌다. 자동차 정비소에서 리프트로 차체를 들어올리듯 객실 차량을 통째로 1.5m쯤 들어올리는 것이다.

인부들이 기존의 바퀴를 밀어내고 표준궤에 맞는 새 바퀴를 끌어온 뒤 차량을 다시 내려 제자리에 고정시킨다. 작업을 다 마칠 때까지는 1시간쯤 걸렸다.

바퀴를 갈아끼운 열차가 역으로 나와 30여 분 멈춰있는 동안 승객은 비로소 바깥 바람을 쐴 수 있었다.

영하 27도. 밤공기가 시리다. 한밤중 머리 위에는 시베리아와 몽골의 바

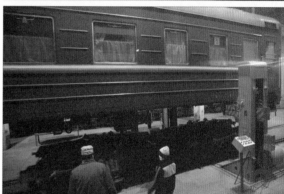

열차 바퀴 갈아끼우기.

베이징의 쯔진청(자금성).

양골 초원에서 본 것과 똑같은 별들이 총총이 빛나고 있었다.

오전 1시 40분 마침내 열차는 베이징을 향해 출발했다. 두 나라 국경에서만 모두 5시간이 지나고 있었다.

이른 아침 창밖을 보니 몽골과는 지세나 분위기가 완연히 다르다. 높은 산줄기가 이어지고 땅의 높낮이와 굴곡이 커진다. 철길 주변으로는 허름한 벽돌 건물과 인가가 많고 한자로 된 건설 구호와 간판도 자주 눈에 띈다. 하얀 눈밭 대신 이곳 들판은 아직 초록빛이다. 논과 밭은 반듯반듯하게 구획정리가 돼 있다.

다퉁에서부터는 철길 옆으로 깊이 50cm쯤 파놓은 골이 이어진다. 유심히 보니 인부들이 케이블을 깔고 있다. 중국도 철도 정보화 등에 박차를 가하고 있었던 것이다. 케이블을 묻기 위한 도랑은 베이징 근방 만리장성이 내다보이는 칸주앙 역까지 수백km에 걸쳐 여기저기에서 목격됐다.

몽골횡단철도의 종착지인 베이징 역에는 사람의 물결이 끝없이 흐르고 있었다. 거대한 인파의 흐름이 어지러운 느낌마저 준다.

역 광장에 나서자 취재진에게 다가와 호텔을 소개하려는 사람, 택시를 타지 않겠느냐고 묻는 사람이 그치지 않는다. 몇 차례 거절했는데도 차도까지 건너와 따라붙는 한 아주머니의 눈빛이 간곡하다. 아마도 호텔에 손님을 알선하고 소개비를 받을 것이다.

철길 1만 3000km 여정을 마무리하면서 모처럼 쾌적한 고급 호텔을 찾아볼까 했던 취재진은 결국 이 아주머니를 따라 부근 진안황두 호텔金安皇都大飯店에 여장을 풀었다. 장급莊及 정도의 호텔이었다.

중국의 수도 베이징은 인구 약 1280만. 동서남북의 도로는 바둑판처럼 짜여 있어 오래 전부터 잘 계획된 도시임을 보여준다.

벤처산업단지 중관춘의 일부.

쿠빌라이 시대 몽골 세계제국 원元의 수도로 세워진 이 도시는 원래 '중화 본토' 의 시각에서 보면 북동쪽 끝에 있던 변경 마을일 뿐이었다. 아무것도 없는 '빈터' 가 돌연 13세기 후반부터 거대도시로 떠오른 것이다.

베이징 거리는 서울보다 널찍널찍하면서도 훨씬 친근한 사람 냄새를 풍긴다. 도로변에는 자전거가 줄지어 달린다. 육교에는 좌우로 각角이 진 계단 대신 비탈면이 따로 만들어져 있다. 시민들이 육교로 자전거를 끌고 다니기 쉽게 만들어 놓은 것이다.

이튿날 톈안먼天安門 광장을 찾았다. 온갖 격동의 역사가 점철된 광장은 관광객으로 붐비고 있었다. 일찍이 명·청시대에는 황제의 조령이 반포되던 곳이다. 신민주 혁명의 봉화를 든 5·4운동1919년이 여기서 시작됐고, 마오쩌둥이 중화인민공화국의 설립1949년을 세계에 선포한 장소도 이곳이었다.

베이징 도로변에 세워진 출퇴근용 자전거들.

1966년에는 100만이 넘는 홍위병이 운집해 극좌 노선의 '문화혁명' 에 불을 붙였고 1989년 6월, 젊은이들이 민주화를 외치던 '톈안먼사태' 가 벌어진 곳도 여기였다.

광장 북쪽으로는 톈안먼, 남쪽에는 마오쩌둥 주석 기념관, 동쪽에는 중국 역사박물관과 중국혁명박물관, 서쪽에는 인민대회당 등이 이곳을 빙 둘러싸고 있다.

고궁박물원古宮博物院으로 공식명칭이 바뀐 쯔진청紫禁城 자금성, 다음 날 찾아간 만리장성에는 중국인은 물론 외국인이 적지 않았다.

참으로 모를 일이었다. 이런 거대한

베이징 쯔진청의 사자상과
중국 황실 의상을 입은 소녀들.

축조물이 절대권력의
산물이요, 인민의 피와
땀과 눈물의 결정체라
지만 그래도 후손들에
게는 자랑스런 문화유
산이 되고 있지 않은가.
게다가 세계인의 발길
이 끝없이 이어져 엄청난 관광수입원으로 둔갑했으니 이 유물을 축조하고 호사
를 누린 제왕들을, 과연 손가락질만 해야 할 것인지….

권력에 꺾인 펜 되살아나는 魂
중국 현대문학관

잠에서 깨어난 거대한 잠룡이 용틀임을 하고 있다. 조만간 하늘로 치솟을 기세다.
개방 20여 년, 온 세계가 경기 침체로 시름에 겨워하는데
이 나라는 거대한 내수시장을 바탕으로 연 10% 안팎의 성장가도를 달리고 있다.
세계무역기구WTO 가입에 이어 2008년 하계 올림픽을 열면서
선진 강대국 도약을 향한 국민적 열기도 뜨겁다.

베이징의 서북쪽 외곽 국책 첨단벤처산업단지인 중관춘기술원구의 핵심인 이
곳 하이뎬위안海澱園에는 전자상가와 제조업체, 연구인력이 몰려 있다. 평일인데
도 하이룽海龍빌딩 등의 전자상가와 주변 거리는 서울 용산의 전자상가처럼 인파
가 넘친다. 새로운 건물과 상가를 짓느라 곳곳에 건설공사가 한창이다.

전통 문화 지키기 民 · 官이 한마음

이곳에는 렌상聯想쓰퉁四通 같은 중국 업체는 물론 마이크로소프트와 인텔 휴렛
패커드 마쓰시타를 포함해 크고 작은 8600여 기업이 입주해 있다.

부근에는 베이징대北京大 · 칭화대淸華大를 비롯한 70여 개 대학과 중국과학원 등
230여 개 연구기관이 몰려 있고, 모토롤라 · 에릭슨 · 인텔 같은 쟁쟁한 외국 회
사들이 대규모 연구개발센터를 운영하고 있다.

그러나 이렇게 겉으로 드러나는 경제발전과 변화의 와중에서도 중국의 혼을
살리고 민족문화의 정체성을 찾으려는 기운 또한 왕성하다. 문화혁명의 상처를

씻어내고 잃어버린 전통 문화를 되살리는 데 민·관이 함께 힘을 쏟고 있었다. 최근 베이징에 새로 들어선 중국 현대문학관이 그 좋은 보기다.

차오양취朝陽區 문학관로에 자리잡은 중국 현대문학관은 규모가 크고 호화롭다. 1만여 평의 땅에 중국 정부가 건설비 4억 위안약 640억 원을 지원했는데, 현재 세워진 건물은 절반쯤이고 앞으로 또 다른 건물이 더 세워진다고 한다.

당과 국가·인민에 좌절 준 文革

현대문학관 1층 입구에는 지난 100년 동안 사회적 격동기를 이끈 작가들의 모습이 벽화에 새겨져 있다. 〈아큐정전阿Q正傳〉을 쓴 루쉰魯迅과 중국 현대문학의 태두로 일컬어지는 바진巴金, 극작가 차오위曹 등의 얼굴이 보인다. 이밖에도 라오

현대문학관 전경.

현대문학관에 전시된 작가들의 발자취(위).
현대문학관 1층 입구의 벽화로 현대문학을 이끈 주요 작가들이 그려져 있다(아래).

궈모뤄郭沫若 라오서老舍 등 중국 유명작가의 동상(위).
오른쪽은 루쉰魯迅 얼굴 상.

서老舍 · 궈모뤄郭沫若 · 딩링丁玲 · 저우양周揚 · 아이
칭艾靑 등 유명 작가의 저술은 물론 그들의 육필
원고와 일기, 편지, 번역서, 사진, 영화와 유품
등 갖가지 관련 자료가 이곳에 보존 · 전시돼 있
다. 소장 자료는 책 17만 종과 원고 1만 점 등 모
두 30만 점.

　3층에는 바진 등 유명 작가나 기증자의 문고가
따로 만들어져 있다. 책상과 펜 서고 등도 함께
있으며 이처럼 기증받은 문고가 70여 개라고 한다.

　박물관을 안내한 시인이자 평론가 쉬웨이펑徐偉鋒, 필명 베이타北塔 씨는 "문화혁명
당시 온갖 핍박과 압제를 받았던 작가들이 이곳 문학관의 주인공으로 부활했다"
고 설명했다.

마오쩌둥毛澤東이 숨질 때까지 10년간 이어졌던 문화대혁명은 중국공산당 스스로의 평가대로 "당 국가 인민에게 가장 심한 좌절과 손실을 안겨 준 극좌적 오류"로 기억된다. 마오쩌둥은 '계급과 조직 타파'를 위해 홍위병과 인민해방군을 앞세워 약 300만 당원을 숙청했고 수많은 작가를 탄압했다.

사회주의 이데올로기에 충실하지 못하다는 이유로 바진 등 작가 다수가 비판을 받았고 연금되거나 작품활동을 제한당했다. 라오서 같은 이는 부르주아 작가로 몰려 1966년 수백 명의 홍위병에게 몰매를 맞고 조롱당한 뒤 풀려났는데, 그 뒤 실종됐다가 연못에서 시체로 발견되기도 했다.

권력의 힘은 이렇게 한동안 작가들의 붓을 꺾어 놓았지만 작가의 혼마저 짓밟을 수는 없었다. '펜은 칼보다 강하다'고 하지 않았던가.

죽은 줄 알았던 작가들은 다시 살아났다. 마오쩌둥이 숨진 뒤 이들의 작품은 더욱 널리 읽히고 현대문학은 물론 중국 건설에 정신적 원동력이 됐다는 재평가를 받게 된 것이다. 20세기 중국의 작가 상당수는 집단적 정치 이데올로기의 폭력과 퇴행에 맞서 자유와 진보의 정신을 일깨운 첨병이었다.

국가가 설립, 작가협회가 운영 주도

쉬웨이핑 씨는 "작가의 삶과 문학세계를 보여주는 전시회와 세미나도 여기서 자주 열린다"며 "문학 연구를 뒷받침하고자 관련 정보를 데이터베이스화해 놓았다"고 밝혔다.

"처음 어떻게 해서 설립됐나?"

"1981년 원로 작가 바진이 건립을 제창해 1985년 만수사萬壽寺 서로西路에 문을 열었다. 정부 지원과 국민 성금으로 이곳에 새 건물을 지어 2000년 5월 개관했다."

"국가가 운영하는가?"

"설립은 국가에서 했지만 운영은 작가협회가 주도한다."

"학생들이 많이 구경하는 것을 봤다. 전시 외의 용도는?"

"자료를 열람하는 도서관도 되지만 문인 모임이나 학술집회가 수시로 열린다. 〈중국현대문학연구총간〉이라는 계간지를 내고 외국의 문학박물관과 정보 교환도 활발하다."

야외에는 루쉰의 얼굴을 비롯해 대표적인 작가들의 동상이 곳곳에 배치돼 있다. 널찍한 공간, 작가의 정신과 예술적 정취가 한데 어울리는 풍경이 참으로 부럽다. 그리고 부끄럽기도 하다. 그들은 이처럼 훌륭하게 갖춰놓은 문학박물관을, 우리는 여태 가지고 있지 못하다는 사실이. 우리에게도 '파라다이스 그룹'이 운

현대문학관에 전시된 작가의 유품들.

영하는 '현대문학박물관'이 서울 장충동에 있기는 하지만 국가적인 투자로 이처럼 드넓은 공간에서 문인들이 만나고 토론하며 작품을 탐구할 공간은 미비한 실정이다.

정녕 우리 사회는 정신을 살찌우고 문화를 가꿀 여유가 없는 것인가.

45 · 베이징-2
자단박물관
화려하고 정교한 明·淸 시대 황실가구 그대로

베이징 자오양취朝陽區 가오베이뎬高碑店 마을.
네모난 건물이 줄지어 선 주변과 달리 전통 양식으로 우뚝 선 건물이
한눈에 들어온다. 바로 자단紫檀·붉은 박달나무으로 만든 가구를
수집, 전시, 연구하는 '중국자단박물관' 이다.

왜 하필 자단일까. 전통가구 박물관이 있다는 얘기를 듣고 이곳을 찾아가면서
도 궁금증이 컸다. 여태 가구에 대해 무지했던 기자는 그저 자줏빛의 색바랜 낡
은 가구만 연상했다.

붉은 박달나무로 만든 가구예술품 전시장

박물관에 들어서자 로비 한복판에 나무계단 위에 놓인 가구가 눈에 띄었다.
황금색으로 빛나는 화려한 보좌와 병풍. 복제품 치고는 섬세하고 아름답기 이를
데 없다. 안내인은 "전시품 가운데는 유서깊은 진품도 적지 않고, 모조품이라도
인도산 티크 아니면 동남아산의 희귀한 박달나무로 만들어졌다."고 설명한다.
그제서야 기자는 가구재료 중 으뜸이요 가장 값비싼 것이 '붉은 박달나무' 임을
알았다.
중국인들이 예부터 이 나무를 황금처럼 여겨왔다는 게 빈말이 아니었다. 황제
가 쓰던 병풍과 보좌, 식탁이며 침상까지 이곳 자단박물관에 전시된 가구들은

자단박물관 전경.

온통 붉은 박달나무로 만들어져 있었다.

　소장품은 명明.1368~1644-청淸.1644~1911 시대 황실 등의 자단 가구 100여 점과 복제품 1000여 점에 이른다. 전시물 하나하나는 박달나무의 은은한 향기와 화려하고 정교한 조형미가 어우러져 보는 이를 매료시킨다.

　쯔진청紫禁城에 있는 각루角樓와 만춘정萬春亭은 실물 크기의 5분의 1로 축조돼 눈높이에 알맞고 감상하기에도 편하다. 중후하면서도 섬세한 건축미를 느낄 수 있다.

　12폭짜리 병풍은 규모부터 엄청나다. 북송北宋시대의 화가 장쩌돤張擇端.960~1127이 그린 명화 '청명상하도淸明上河圖'를 5배로 확대해 조각으로 재현한 것이다.

　이 병풍에는 당시 강변의 풍물들, 나무와 집, 배, 마차는 물론 한 사람 한 사람

쯔진청에 있는
각루와 만춘정 모형.
실물의
5분의 1 크기로
제작되었다.

의 움직임까지 생생하게 묘사돼 있다. 작품의 무게만 자그마치 5397kg이나 되는 대작으로 기술자 500명이 8개월에 걸쳐 만들었다고 한다.

이렇게 오밀조밀한 통나무 조각도 있을까. 손오공을 소재로 한 작품 앞에서 기자는 다시금 감탄했다. 거대한 녹나무樟木의 원형을 살려 온갖 형태의 조각이 상하좌우로 펼쳐져 있었던 것이다. 오행산五行山에 갇혀있던 손오공의 모습에서부터 삼장법사를 모시고 사오정 저팔계와 함께 요괴와 맞서 싸우는 장면 등 〈서유기西遊記〉의 주요 줄거리가 나무의 몸통을 빙 돌아가며 흥미진진하게 새겨져 있다.

박달나무는 동남아 일대에서 많이 자란다. 박물관 설립자이자 관장인 첸 리화陳麗華 씨는 붉은 박달나무를 구하려고 미얀마 등지의 정글과 산을 여덟 번이나 뒤졌다고 한다.

우리나라에도 예전 대청마루 한쪽 구석에 놓여있던 다듬이방망이와 빨래방망이, 디딜방아의 방아공이와 절구공이, 포졸의 육모방망이는 박달나무였으니 사실은 낯익은 것이다. 워낙 더디 자라 경제성 있는 나무가 되려면 보통 300년은 걸린다고 한다. 특히 붉은 박달나무는 가구와 조각에 많이 쓰이다보니 이제 중국에서는 거의 찾아볼 수 없는 형편이다.

박달나무와 첸씨의 인연은 어린시절로 거슬러 올라간다. 1941년, 베이징에서 청조淸朝 황실가의 후손으로 태어난 그녀는 어릴 때 여름궁전인 이화원顯和園에서 지내면서 늘 붉은 박달나무 가구를 가까이서 보며 자랐다. 문화대혁명 당시 홍위병들이 이들 가구를 마구 훼손하는 것을 보고 그녀는 살을 에는 듯한 아픔을 느꼈다.

왜 아름다운 가구를 부수는가…. 이 문화유산을 되살릴 수는 없는 것일까. 그녀는 그때의 생각을 가슴 한켠에 묻어두었다.

그녀는 홍콩에서 부동산과 건축사업으로 돈을 벌면서 1976년부터 가구공장을 운영했다. 1983년 오랜 꿈을 실현하고야 말겠다는 포부를 안고 고향 베이징으로

첸 리화 씨가 녹나무 작품을 다듬고 있는
장인과 의견을 주고받고 있다.

돌아와 명·청시대 박달나무 가구를 하나하나 사들이고 연구하며 복원하는 일에 정성을 기울였다.

비록 적잖은 돈을 벌었지만 곳곳에 흩어져 있는 값비싼 '보물'들을 무한정 사들일 수만은 없었다. "차라리 진짜나 다름없는 복제품을 만드는 게 훨씬 수월한 방법"이라는 생각이 들었다.

그녀는 목공 채색기술자들과 함께 하나하나 작품을 만들어 나갔다. 가구회사 직원 수는 처음 20여 명에서 500명까지 불어났다. 지난 20여 년간 이들과 함께 공들여 만든 작품이 1000여 점. 그녀가 물려받았거나 사들인 소장 가구와 더불어 이곳 박물관에 전시돼 있는 것이다.

박물관 사무국장 잭 킹은 "값을 많이 쳐주겠다는 사람이 있어도 첸씨는 여태까지 작품을 외부에 판 적이 없다"고 말한다. "수백 년 묵은 나무에 전통 문양을 새긴 명품이니 시간이 흐를수록 값진 것이 된다. 굳이 팔고자 애쓸 이유가 없다."

그는 "작품 물량이 많아진 만큼 앞으로는 국내외 순회전을 열면서 일부는 경매하는 방안을 검토 중"이라고 귀띔한다.

1999년 9월 개관한 자단박물관의 연면적은 모두 7만 5000m². 부화국제그룹

자단박물관 1층에 전시된 황금빛 황실 보좌와 병풍.

富華國際集團有限公司 회장 등 여러 개 직함을 가진 첸 씨는 박물관 건립에만 2억 위안약 320억 원의 거금을 쏟아부었다.

그녀의 일과는 온통 가구 복원에 경주된다. 수시로 박물관 가까운 작업현장에 들러 나무를 새기고 말리며 광택을 내는 마지막 공정까지 기술자들을 격려하고 조언한다. 하나같이 전통미의 향취가 진하게 배어 있다. 웅장한 쯔진청의 고궁이나 '세계의 불가사의'라는 만리장성보다도 필자에게는 이 박물관의 가구들이 훨씬 진한 감동을 안겨 준다.

"큰 작품은 수십 명이 매달려 함께 일한다. 용을 새긴 대형 병풍은 100명의 조각가들이 3년에 걸쳐 완성했다."

장인들의 정교한 솜씨도 그렇지만 고유한 문화를 지키겠다는 첸 씨의 심미안과 열정은 가슴을 뭉클하게 했다. 얼마나 멋진 여걸인가. 돈을 벌어 이렇게 향기롭게 쓰다니….

우리는 옛 것을 지키려고 얼마나 애쓰고 있는지 한편으론 자책하는 마음이 이는 것을 억누를 수 없었다.

에필로그

광활한 시베리아, '한국의 개척손길' 기다린다

철길 따라 1만 3000km. 극동의 블라디보스토크에서부터 모스크바와 상트페테르부르크까지, 그리고 이르쿠츠크에서 울란바토르를 거쳐 중국 베이징까지 이어진 시베리아·몽골 횡단 여정이 모두 끝났다.

설원을 달리는 열차를 카메라에 담기 위해 이르쿠츠크 교외 골짜기, 영하 30도의 혹한 속에 종일 떨었던 일, 예카테린부르크에서 우랄마쉬로 가는 지하철을 타려다 경찰의 검문에 가방과 주머니, 지갑까지 털어놨던 일, 크라스노야르스크 역에서 열차표를 끊기 위해 손짓 발짓 해가며 거의 두 시간을 허비했던 일들이 즐거운 추억으로 떠오른다.

20여 도시 곳곳의 이색적인 거리와 아름다운 성당, 박물관—미술관의 문화재와 자연의 풍광들이 파노라마처럼 스쳐간다. 여행 중 만났던 러시아인과 몽골인·중국인·고려인, 현지의 한인 유학생, 교수, 문화원 관계자 등등 갖가지 도움을 준 고마운 얼굴들을 잊을 수 없다. 막상 지나고 나니 아쉽기만한 2개월의 짧은 여행… 러시아나 몽골의 진면목을 보았다고 어찌 감히 말할 수 있을까.

여행을 마치면서 돌이켜본다. 서울이나 부산에서 시베리아 열차여행을 할 수 있는 날은 과연 언제쯤일까. 아득한 것 같아도 그리 먼 훗날만은 아닐 것이다. 남북이 부분적으로나마 합의했으니 경의선과 경원선이 다시 이어져 사람들까지 자유로이 오고갈 수 있는 날이 불원간 오고야 말 것이다. 온 가족이 함께 쿠페4인용 객실에서 먹고 자며 북한을 거쳐 시베리아는 물론 우랄산맥 너머 유럽까지, 중국과 몽골까지 철길로 여행할 수 있는 날은 꼭 오고야 말 것이다.

한반도의 남쪽은 유라시아 대륙의 일부임에도 오랫동안 외딴 섬처럼 고립돼 있었다. 가까운 연해주에 가려고 해도 철길이나 육로는 상상조차 하지 못한 채 뱃길이나 비행기로 갈 수밖에 없었다. 하물며 유럽까지 철도로 간다는 것은 지난 반세기 동안 꿈도 꾸지 못한 일이었다.

남북 분단은 지리상의 단절이자 의식의 단절이기도 했다. 선죽교니 만월대니 을밀대와 영변의 약산 진달래니 하는 북한의 유적과 산하조차 우리에게는 먼 옛 날의 전설처럼 들릴 뿐이었다. 갈 수 없고 볼 수 없으니 어느 누가 그곳을 노래하고 그려볼 수 있으랴. 너무도 오랜 동서 냉전의 높은 장벽에 갇혀 북한뿐 아니라 유라시아대륙 전체가 우리의 삶과 동떨어진 세계였던 것이다.

70년쯤 전 손기정孫基禎 선수는 부산에서부터 열차편으로 평양 신의주를 거쳐 만주에서 시베리아를 횡단해 모스크바에 도착했다. 이곳에서 그는 다시 열차편으로 베를린에 이른다. 1936년 7월, 그 시절만 해도 한반도, 아니 남한 땅은 지금같은 '외딴 섬'이 아니었다. 대륙의 일부였으며 부산에서 모스크바와 베를린까지도 철길로 오고갈 수 있었던 것이다.

춘원 이광수李光洙, 1892~1950가 〈유정〉1933에서 눈덮인 시베리아와 바이칼을 배경으로 남정임의 애절한 사랑을 그렸고, 순애보殉愛譜의 작가 박계주朴啓周, 1913~1966가 자유시 참변 후 독립군이 시베리아횡단열차로 이르쿠츠크로 이동하는 모습을 〈대지大地의 성좌星座〉1957에서 삽화처럼 그려보기도 했지만 고작 그뿐이었다. 저 시베리아땅은 우리의 문학과 생활의식 속에서 오랫동안 완전히 잊혀진 땅이었다. 이제 그 땅이 우리 앞에 다가오고 있다. 유럽까지 철길이 열리는 것이다.

　개방 20여 년 사이, 러시아의 연해주와 시베리아 곳곳에는 이미 한인들의 진출이 활기를 띠고 있다. 한국어는 인기 외국어로 고려인 3세는 물론 백계 러시아인 지원자들이 몰린다. 러시아에 나가 있는 북한 노동자들 역시 인기가 높았다. 이전보다 숫자는 줄었지만 주로 건설·농업 분야에서 일하는 그들은 부지런하고 손재주가 좋다는 평을 받고 있었다. 드물긴 해도 러시아 땅에서 북한인들이 남한 사람의 업체에서 일하고, 그들을 통해 일거리를 얻는 사례도 목격되었다. 체제를 넘어선 동포애도 엿볼 수 있었다.

　중국인들은 물밀듯이 극동러시아와 시베리아로 진출하고 있다. 값싼 농산물과 공산품을 앞세워 러시아 생필품 시장을 주도하고 있는 것이다. 광대한 시베리아는 개척의 손길을 기다리고 있다. 논과 밭농사에서부터 임산업 목축업까지, 식품업부터 광공업과 서비스산업에 이르기까지 함께 손잡고 일할 파트너를 부르고 있다. 아직 위험 부담이 큰 것도 사실이지만 무한한 잠재력을 지닌 활동 무대가 한국인들에게 활짝 열려 있는 것이다.

　바이칼 호와 몽골의 초원, 고비사막의 대자연도 우리를 부르고 있다. 그 광활한 자연과 갖가지 풍물은 우리의 정신적 토양을 기름지게 하고 21세기를 개척할 프런티어정신을 일깨울 것이다.

　눈을 들어 세계를 봐야 할 때다. 이 비좁은 땅에서 남과 북이, 동과 서가 아옹다옹 할 때가 아닌 것이다. 지연과 혈연, 소아적 당파주의를 벗고 드넓은 세계로 나서야 한다.

　그렇다. '세계는 넓고 할 일은 많다.'

러시아 여행 정보

-에피소드

블라디보스토크~모스크바 간을 달리는 시베리아횡단철도는 약 9300km. 서울~부산의 21배쯤 되는 거리다. 중간 기착이 없이 계속 달리면 6박 7일이 걸린다. 하지만 필자의 이번 취재 여행은 중간중간 큰 도시마다 2~3일씩 머물며 곳곳을 살피느라 2달이 걸렸다.

호텔 경비를 아끼고 시간도 활용하기 위해 한 도시에서 다음 도시로 이동할 때는 주로 야간 열차를 이용했다. 하룻밤을 열차에서 보내면 방 값이 절약되고 이튿날 이른 아침 이웃 도시에 도착하면 숙소를 잡고 활동에 나서기가 좋았다. 열차에 머무는 시간은 며칠 간의 취재내용을 정리하고 이어 다음 여행지에 대한 정보를 미리 살피는 데도 안성맞춤이었다.

취재진은 우랄산맥에 이르기 전 노보시비르스크까지는 주요 도시마다 현지에 진출한 한인이나 유학생, 또는 현지인의 안내를 받았다. 그 이후 여정의 절반쯤은 모스크바에서 고교와 대학까지 8년 남짓 유학생활을 해 온 조현용씨가 통역으로 동행했다.

러시아 말을 모르는 외국인이 통역 없이 다닌다면 의사소통에 큰 불편을 겪기 쉽다. 크라스노야르스크 같은 곳에서는 혼자서 티켓을 사려고 역에 나갔다가 역 구내에서만 1시간 50분을 허비한 적도 있었다. 역은 철도 노선이 많아 여행객으로 붐비고 창구만 해도 수십 군데였는데, 직원들은 영어로 묻는 말에 눈을 동그랗게 떴다가는 으레 고개를 돌려버리곤 했다. 영어를 알아듣는 사람이 거의 없었다. 이 창구 저 창구를 돌고 돌다가 결국 역무원의 도움으로 가까스로 티켓을 구입했는데 공교롭게도 맨 처음 들렀던 창구에서였다.

처음 열차 여행을 시작한 블라디보스토크에서 하바로프스크 행 열차표를 건네 받고 놀랐던 기억이 난다. 안내인에게 미리 부탁했는데도 출발 시각과 도착 시각이 달리 찍혀 있었기 때문이다. 어찌된 일인지 창구에 물어본 뒤에야 사정을 알게 됐다. 모든 열차 운행시간이 모스크바 시간 기준이었던 것이다. 워낙 땅덩어리가 큰 나라이다 보니 동서 간 시차가 9시간이나 벌어진다. 지역마다 현지 시간을 쓸 경우 혼란이 생길 수밖에 없기 때문에 모스크바 시간을 기준으로 삼는다는 것이다.

밤이면 걸려오는 전화

장거리 철도여행 중에는 색다른 경험이 적지 않았다. 하바로프스크의 아무르 호텔에 며칠 묵고 있는 동안 기자는 밤이면 몇 차례 전화를 받았다. 무슨 전화일까? 영어로 말해줄 수 있느냐는 요구에 그 전화는 금세 끊어지곤 했다. 어느 날 밤 또 전화가 왔다. 영어로 말해달라고 하자 이번엔 상대방이 바로 "Do you want a beautiful lady for sex?"라고 묻는 것이었다. 앞서 밤마다 걸려온 전화가 바로 이런 질문이었음을 비로소 깨달았다. 어디서 어떻게 객실 사정을 파악해 전화를 하는 지 알 수 없는 노릇이었다. 이런 전화는 다른 도시의 호텔에서도 종종 걸려왔다. 어느 방에 남자 손님이 묵고 있는지 객실 관련 정보가 고스란히 건네지고 있다는 얘기다.

러시아 호텔은 같은 건물 안에서도 층마다 주인이 다른 경우도 있다. 한 층씩 임차해서 저마다 독자적으로 영업을 하는 이런 호텔은 층마다 시설도 다를 뿐 아니라 방값도 다르기 마련이다. 호텔에는 대개 층별로 플로어 데스크가 있어 출입할 때 손님에게 방 열쇠를 건네주거나 받기도 한다.

예카테린부르크에서 취재진이 묵은 호텔 2층 출입구에는 한 여성이 데스크를 지키고 있었다. 취재를 위해 호텔을 나서면서 사진 기자 허정호 씨가 필자에게 물었다. "저 여자, 무슨 일 할 것 같아요?" "플로어 메이드 아냐" "에이, 그것도 몰라요? 객실 손님이 들어오면 전화거는 사람 아닙니까."

듣고 다시 보니 과연 그렇겠구나 하는 생각이 들었다. 호텔 층을 관리하는 사람이면 책상에 무슨 장부나 컴퓨터라도 있어야 했는데, 그 여성의 책상 위에는 아무 것도 없었다. 열쇠를 관리하는 일도 하지 않고 있었던 것이다. 손님이 방에 있으면, 전화를 걸어 파트너가 필요한지를 묻고, 고객이 찾을 땐 직접 영업에 나서는 '인터걸'이거나 호객 책임자였음이 틀림없어 보였다. 러시아 여러 도시에서는 이 같은 성매매가 공공연히 이뤄지고 있었다.

경찰의 잦은 검문

러시아 주요 도시를 돌아다니면서 취재진은 경찰의 검문을 자주 받곤 했다. 불법 체류하는 중국인이 많은 탓에 이들은 으레 중국인과 비슷한 우리를 보면 신분증 제시를 요구했다. 여권과 여행지 등록사항을 확인하면 이들은 대개 우리를 곧바로 보내줬다. 그러나 간혹 고약한 친구들도 있었다.

예카테린부르크에서 지하철을 타려다 검문을 당했다. 경찰은 나와 사진 기자, 통역인 조현용씨까지 세 명을 지하철역 내 파출소로 연행했다. 그들은 우리의 여권을 확인하고도 배낭을 열게 했다. 목이 짧고 두터운 그 경찰은 배불뚝이에다 얼굴에는 기름기가 자르르 배어 있어 인상마저 느끼했다. 그는 다른 경찰 두 명을 내세워 일단 우리 가방을 모두 조사한 뒤 주머니에 있는 것을 모두 꺼내라고 요구했다. 그런 후 우리를 벽쪽으로 돌아서게 하고 몸 수색을 시켰다. 그가 물었다.

"지갑에 돈이 얼마 들어 있나?"

알게 뭔가. 돈을 일일이 세어보고 확인해 넣지 않은 다음에야. 우리는 저마다 대강의 액수를 말했다. 나도 백 몇십 달러와 몇백 루불이라고 말했다. 그는 우리가 뒤돌아 서 있는 동안 지갑을 하나하나 뒤겨가며 내용물을 살피는 듯했다. 얼마 뒤 그는 우리를 다시 돌아서게 하더니 지갑을 돌려주면서 액수가 맞는지 살펴보라고 했다. 그 새 차액 일부를 따로 챙겼는지는 알 수 없는 노릇이었다.

"여기엔 무엇 하러 왔느냐" '얼마 동안 머무느냐' '어디로 가느냐' 는 등 질문이 이어졌다. 나는 점점 불쾌해져 언성을 높였다. 하루 전 만난 예카테린부르크 공보관과 방위사업체 회장의 명함을 꺼내 보이며 이들을 어제 인터뷰했고 오늘은 우랄마쉬의 공장을 방문한다는 것, 모스크바에서는 철도부 차관을 인터뷰할 예정이라며 관련 공문까지 제시해 보여줬다. 마침 가방에 서류가 있어서 다행이었다.

고위 인사들의 명함과 관련 자료를 살펴본 경찰은 매섭게 다그치던 태도를 한결 누그러뜨리며 "중국인 불법 여행객이 많아 당신들을 검문하게 됐다"고 말했다. 막판엔 "코리아의 동전이나 지폐 하나를 기념으로 줄 수 있느냐"고 물었다. 천 원짜리와 동전 몇 개를 선사했더니 그는 활짝 웃는 낯으로 "가도 좋다"고 했다. 검문을 받느라 우랄마쉬에 가기로 한 시간이 30여 분이나 지체됐다.

불심검문을 당하면

여행객들은 거리를 다닐 때 불심검문을 자주 받게 된다. 검문은 대개 불법체류자를 검거하기 위한 것인데 하바로프스크, 블라디보스토크, 이르쿠츠크 등지에서 많은 편이고 모스크바의 경우 아르바트 거리나 기차역 주변에서도 종종 행해진다. 중국인 보따리상의 불법체류가 많아 동양인에 대한 검문이 많은 편이다. 경찰이 다가올 때는 자연스럽게 행동하면 된다. 검문을 당할 경우 여권과 거주지 등록증 등을 제시하면 대개는 그냥 가라고 한다. 꼬치꼬치 캐묻거나 귀찮게 한다고 경찰과 다투는 것은 결코 바람직하지 않다. 자칫 유치장에 갇히는 등 낭패를 볼 수도 있기 때문이다. 불법체류자들은 검문을 받으면 경찰에 돈을 주고 무마하는 예가 많은 것으로 알려져 있다. 합법적인 신분의 여행객으로선 검문이 귀찮다고 경찰에게 돈을 건네는 것은 바람직하지 않다. 자칫 다른 여행객들에게 비슷한 불편을 줄 수 있기 때문이다.

호텔 방값 천차만별, 대학 기숙사가 제일 싸

호텔 가격은 천차만별이다. 하루 15달러 정도로 싼 곳이 있는가 하면 200달러가 넘는 비싼 곳도 있다. 방값은 계절에 따라 차이가 많이 나며 성수기인 여름에 비싸진다.

민박은 보통 1인당 10달러 정도 든다. 시베리아횡단철도 노선에서는 역 주변에 숙박업을 하는 사람이 많다. 요금은 15~20달러 정도.

대학 기숙사는 가장 저렴하게 머물 수 있는 곳이다. 주로 여름방학을 이용해 남는 방을 대여해 주는데 10달러 정도 든다. 한국유학생을 통하는 것이 가장 좋다.

호텔 예약 때 추가요금 요구

지역이나 호텔 수준에 따라 차이는 있지만 러시아에서는 고급 호텔을 예약하면 추가비용을 무는 경우가 많다. 방이 남아도는 데도 그들은 예약비를 따로 받는다.

러시아 중심부에 위치한 크라스노야르스크에서 겪은 일이다. 취재진은 당초 묵으려 했던 호텔에 빈 방이 전혀 없어 프런트에서 인근 호텔을 소개 받고 예약을 했다. 나중에 방값을 계산하면서 보니 예약비라고 별도 항목이 붙어 있었다. 왜 예약비를 따로 받는지 이유를 물었다. "손님을 위해 방을 우선적으로 확보해 놨으니 더 받는 게 당연하지 않느냐"며 직원은 오히려 의아해 한다. 단체여행 같이 특별한 경우가 아니라면 빈 방이 있는지만 사전 확인하고 예약없이 찾아가는 게 나을 것이다.

러시아 여행 정보-1

입장료 등 외국인에겐 훨씬 비싸

박물관 입장료 등은 외국인 요금이 따로 정해져 있다. 외국인은 러시아 인에 비해 보통 몇 배에서 많게는 열 배 정도까지 차이가 난다. 그러나 학생 요금은 매우 싸다. 외국인 요금에 비하면 사실상 공짜나 다름없다. 현지인이나 현지 사정에 밝은 유학생에게 안내를 받으면 박물관 등은 일반요금이나 학생요금만 낼 수 있어 돈을 절약할 수 있다. 다만 이럴 땐 외국인 티를 내지 않고 '묻어서' 입장해야 한다. 내국인 행세가 부담스러우면 외국인 요금으로 입장하는 게 속이 편할 것이다. 모스크바나 상트페테르부르크의 박물관을 구경할 때 취재진은 현지 학생들의 안내로 비용을 절약한 적도 있었다. 절약한 돈은 그들에게 선물로 돌아갔지만.

통역은 어떻게 구하나

러시아 여러 도시를 여행하자면 통역 없이 다니기가 여간 불편하지 않다. 여행사를 통해 안내인을 구할 수도 있지만 여행사의 도움을 받기 어려운 경우 주요 도시의 한국인 유학생이나 현지에서 사업을 하는 이들에게 사전에 문의해 보는 것이 좋다. 현지인이나 한인동포 사회를 잘 아는 이들로서는 러시아어를 한국말 또는 영어로 통역할 사람을 구하기 용이할 것이다.

러시아 여행 정보-2

러시아에서는 영어만으로는 의사소통 하기가 어렵다. 거주지 등록이나 불심검문 등이 많아 러시아말을 모른 채 그냥 배낭여행에 나섰다가는 큰 불편을 겪을 수 있다. 일반적인 경우라면 가이드를 붙여주는 여행사를 통하거나 현지의 한국유학생 등의 통역과 함께 여행하는 것이 바람직하다.

모스크바나 상트페테르부르크 같은 대도시에서는 전철을 이용하는 것도 좋은 방법이다. 곳곳에 노선이 잘 연결되어 있고 비용도 싸다.

1. 항공편
- 대한항공(KE) 인천~블라디보스토크, 월 · 화 · 토
- 블라디보스토크 항공(XF) 부산~블라디보스토크, 월 · 토
- 블라디보스토크~인천 왕복, 수 · 목 · 금 · 일
- 블라디보스토크~부산, 월 · 토

2. 비자 발급
*비자 종류
- 통과비자 : 러시아를 통해 제3국으로 가는 경우의 비자. 시베리아횡단열차를 타고 유럽으로 갈 때도 필요하다. 러시아 국내 교통편 예약을 완료해야만 비자가 발급된다.
- 관광비자 : 여행사를 통해 먼저 러시아 국내 숙박을 예약해야 한다. 보통 한 달 비자가 발급된다.
- 상용비자 : 러시아의 접수기관이 발행한 초청장으로 신청해 취득하게 된다. 유효기간은 초청내용에 따라 다르며, 비즈니스로 방문하는 경우 대개 3개월 정도로 발급해준다.

*필요 서류
- 신청서 : 용지는 대사관이나 여행사를 통해 구함
  사진 3장 (4.5cm×4cm), 여권, 초청장, 현지 여행사의 예약 확인
  여행사 작성의 바우처, 항공권 (또는 철도 바우처)

*비자 신청 시 유의사항
- 관광 초청장을 제외한 모든 유학, 상용 초청장은 원본을 제출한다.

−6개월, 1년 상용 초청장의 경우 에이즈 검사증(영문) 원본을 제출한다.

−에이즈 검사는 아래의 지정병원에서만 가능하다.

−입국초청장(유학생)도 대사관에 비자 신청 시, 에이즈 검사증이 필요하다.

−아름샘병원 : 서울시 서초구 방배동(지하철 7호선 내방역 7번 출구) 02-591-9119

−신촌 세브란스 : 서울시 서대문구 신촌동 134 02-361-6541

3. 러시아 대사관 연락처

−주 한국 러시아 대사관 : 02-552-7096, 02-538-8896~7

−주 부산 러시아 총영사관 : 051-441-9904~5

−러시아 주재 한국대사관

　모스크바 : 14 Spiridonka St, Moscow (7-095)956-1474 / fax. (7-095)956-2434

　블라디보스토크 총영사관 : 5th floor. Aleytskaya 45-1, St. Vladivostok

　　　　　　　　　　(7-4232)22-7729 / fax. (7~4232)22-9471

4. 거주지 등록

　입국 후 3일 이내에 반드시 거주지 등록을 해야 한다. 또 한 도시에서 3일 이상 체류하게 되면 다시 그 도시에서 거주지 등록을 해야 한다. 그렇지 않으면 불법체류자가 된다. 등록은 보통 호텔에서 대신 해 준다. 비용은 30루블 정도.

　*철도여행 중 한 지역에서 3일 이상 체류할 때

　호텔에서 하루 이상 숙박하면 거주지 등록을 해야 한다. 하지만 3일 이내 체류 시는 횡단철도 티켓이 거주지 등록증의 역할을 해주므로 열차 티켓을 지니고 있으면 별 문제가 안 된다. 열차 티켓 옵션 중에는 항공권처럼 오픈 티켓이 없다. 때문에 중간에 머물고 싶은 여행지가 있다면 일단 그곳까지의 표를 끊고 여행 스케줄에 맞춰 다음 표를 끊어야 한다.

　추천할 만한 여행 경로는 바이칼 호 인근의 이르쿠츠크나 울란우데, 몽골횡단철도로 여행을 한다면 울란바토르에서 2~3일 경유하는 티켓을 직접 살 수 있다. 이곳은 관광객이 많아 열차표 구입을 대행하는 곳도 있고 구입이 편하다. 일괄예약의 경우 변경하기가 아주 힘들고 개인이 직접 예약하기가 거의 불가능하므로 전문 여행사를 이용하는 것이 좋다.

5. 러시아 여행 전 직접 초청장과 바우처를 발급해 주는 호스텔 목록

http://www.howtels.com/ru.html
http://www.howteleurope.com/findabed.php
http://www.howtelling-russia.ru/hostels.html
http://www.studyrussia.com/MGU/hostel...universitetskaya.html
http://www.waytorussia.net/Moscow/Accommodationin.html
http://www.accommodation.boom.ru/
http://www.russianguidenetwork.com/new...page...29.htm

6. 시베리아횡단열차 (Trans-Siberian Railway : TSR)

*열차의 종류/등급

- 룩소 : 2인 1실(침대칸)
- 쿠페 : 4인 1실(침대칸) - 장거리 이용 시 쿠페 이상 이용 권장
- 쁘라치까르따 : 6인 1실(침대칸)
- 시드 : 6인 1실(지정좌석이 없음)
- 열차의 평균시속 : 70~80km
- 모스크바-블라디보스토크 : 아케안 호, 블라디보스토크-하바로프스크 : 아무르 호
- 이르쿠츠크-모스크바 : 바이칼 호, 좌석번호는 2층을 사용.

★ 초호화 유람열차 '즐라토이 아룔(황금독수리)호'

모스크바에서 블라디보스토크까지 영하 30도의 추위가 이어지는 혹한기를 피해 5~9월 사이 한 달에 한 번꼴로 운행. 통상 일반열차가 종점까지 7일 걸리는 데 비해 유람열차는 14일이 소요된다. 중간에 예카테린부르크 · 노보시비르스크 · 이르쿠츠크 · 울란우데 · 바이칼 호 · 하바로프스크 등지를 관광하는 프로그램 때문이다. 요금은 관광비를 포함해 객실 등급에 따라 8천~2만 달러.

열차 내 시설은 객실 외에 식당 · 바 · 조리실 · 세탁실 · 이발소 · 응급실 등이 갖춰져

있다. 객실(금실 7.5m², 은실 5.5m²)마다 2인용 침대와 샤워시설, 에어컨, TV, 컴퓨터가 비치되어 있다. 승무원은 모두 영어로 의사소통이 가능하다.

　-러시아 철도공사와 영국 철도여행 업체 'GW트래블' 사가 공동 운영

　*열차표 구입

　현지에서는 물론 출발 전 한국에서도 구입할 수 있다. CITS 한국지사에서 신청이 가능하며, 중국 현지 지사가 있는 여행사에 충분한 수수료만 내면 구입해서 우편으로도 발송해 준다.

　*열차 안에서

　우리나라 새마을호 정도의 크기로, 객차 안에 들어가면 화장실과 차장실이 나란히 있다. 차장실 맞은편에는 언제든지 뜨거운 물이 나오는 물통이 비치되어 있다. 그러나 화장지와 컵은 개인이 준비해야 한다. 더운 물은 항상 끓고 있으므로 컵라면이나 죽 등을 만들어 먹을 수도 있다. 열차에는 칸마다 차장 두 사람이 배정되어 승객을 보살피고 있다.

　차 안에서의 식사는 식당차, 차내 판매, 중간 역에서의 매점 등을 이용할 수 있다. 식당차는 중간쯤에 연결되었고 메뉴는 러시아어로 쓰여 있다. 요금이 표시되어 있는 요리만 주문이 가능하다. 열차가 역에 정거할 때는 잠시 밖에 나가 구경하거나 매점에서 음식물을 살 수도 있다. 나갈 때는 열차가 역에 얼마 동안 정지하는지 반드시 시간을 확인하고 출발 전에 들어와야 한다.

　-침대 시트 커버, 베개 커버, 이불, 수건 등 시트 세트를 사용하는 시트료는 열차에 따라 다르다. 열차에 탄 뒤 차장이 새 시트를 가지고 와서 시트료를 요구할 때 내면 된다(쿠페기준 35~45루블 정도이며 루블로 지불한다).

　-내려야 할 역에 이르면 차장이 미리 개인적으로 알려 주고 침구 등을 수거해 간다. 이때 처음 받았던 시트 세트 중 하나라도 없으면 개인이 변상해야 한다.

　-객차의 화장실 시설은 열악한 편. 이용자가 많아 깨끗하지 못할 때가 많다. 화장지를 따로 준비해 가는 게 좋다.

7. 열차 시간표
블라디보스토크 출발, 모스크바 시베리아 특급 횡단열차 시간표 (1번 열차)
ROOM TYPES : 룩소(2인 1실) , 쿠페(4인 1실), 3등실(6인 1실)

거리	정차역	철도명	도착시간	정차	출발시간
0	Vladivostok	D-Vos	10시35분		
33	Ugol'naya	D-Vos	11시18분	02분	11시20분
112	Ussurijsk	D-Vos	12시38분	18분	12시56분
180	Sibircevo	D-Vos	14시05분	02분	14시07분
198	Muchnaya	D-Vos	14시29분	01분	14시30분
240	Spass-Dal'nij	D-Vos	15시08분	02분	15시10분
357	Ruzhino	D-Vos	16시50분	03분	17시03분
414	Dal'nerechens	D-Vos	17시51분	02분	17시53분
533	Bikin	D-Vos	19시53분	02분	19시55분
638	Vyazemskaya	D-Vos	21시34분	16분	21시50분
766	Habarovsk	D-Vos	23시55분	25분	00시20분
939	Birobidzhan	D-Vos	02시35분	05분	02시40분
1099	Obluch'e	D-Vos	05시18분	15분	05시33분
1209	Arhara	D-Vos	07시38분	02분	07시40분
1260	Bureya	Zab	08시32분	02분	08시34분
1305	Zavitaya	Zab	09시14분	02분	09시16분
1424	Belogorsk	Zab	10시58분	30분	11시28분
1482	Svobodnyj	Zab	12시21분	05분	12시26분
1566	Shimanovskaya	Zab	13시39분	02분	13시41분
1731	Tygda	Zab	15시53분	02분	15시55분
1796	Magdagachi	Zab	16시58분	15분	17시13분
1984	Skovorodino	Zab	20시18분	03분	20시21분
2080	Urusha	Zab	22시12분	02분	22시14분
2178	Erofej Pavlovich	Zab	22시58분	21분	00시19분
2285	Amazar	Zab	02시12분	20분	02시12분

거리	정차역	철도명	도착시간	정차	출발시간
2383	Mogocha	Zab	04시12분	15분	04시12분
2491	Ksen'evskaya	Zab	06시15분	02분	06시15분
2621	Zilovo	Zab	08시34분	02분	08시36분
2704	ChernyshevskZabajkaĪsk	Zab	10시00분	25분	10시25분
2765	Kuenga	Zab	10시27분	02분	11시29분
2801	Priiskovaya	Zab	12시08분	02분	12시10분
2846	Shilka-Pass	Zab	12시57분	03분	13시00분
2997	Karymskaya	Zab	15시30분	20분	15시50분
3027	Darasun	Zab	16시26분	02분	16시28분
3093	Chita 2	Zab	17시41분	21분	18시02분
3357	Hilok	Zab	22시18분	15분	22시33분
3507	Pertovskij Zavod	Zab	00시59분	03분	01시02분
3650	Ulan-Ude Pass	V-Sib	03시00분	23분	03시23분
3980	Slyudyanka 1	V-Sib	08시03분	10분	08시13분
4106	Irkutsk Passazhirskij	V-Sib	10시16분	23분	10시39분
4114	Irkutsk-Sort	V-Sib	10시54분	12분	11시06분
4146	Angarsk	V-Sib	11시40분	02분	11시42분
4174	Usol'e-Sibirskoe	V-Sib	12시09분	02분	12시11분
4237	Cheremhovo	V-Sib	13시06분	02분	13시08분
4357	Zima	V-Sib	14시49분	25분	15시14분
4496	Tulun	V-Sib	17시09분	02분	17시11분
4612	Nizhneudinsk	V-Sib	18시47분	23분	19시10분
4776	Tajshet	V-Sib	21시36분	05분	21시41분
4839	Reshoty	Krs	22시39분	02분	22시41분
4915	Ilanskaya	Krs	23시52분	20분	00시12분
4947	Kansk-Enisejskij	Krs	00시45분	05분	00시50분
5028	Zaozernaya	Krs	02시02분	02분	02시04분
5194	Krasnoyarsk Pass	Krs	04시55분	20분	05시15분
5378	Achinsk 1	Krs	08시22분	02분	08시24분

거리	정차역	철도명	도착시간	정차	출발시간
5446	Bogotol	Krs	09시27분	03분	09시27분
5579	Mariinsk	Krs	11시36분	20분	11시56분
5727	Taiga	V-Sib	13시56분	25분	14시12분
5955	Novosibirsk-Glavnyj	V-Sib	17시28분	27분	17시55분
6259	Barabinsk	V-Sib	21시29분	15분	21시44분
6583	Omsk	V-Sib	01시28분	25분	01시53분
6866	Ishim	Svrd	05시17분	12분	05시29분
7155	Tyumen'	Svrd	08시57분	20분	09시17분
7481	Sverdllvsk Pass	Svrd	13시36분	40분	14시16분
7862	Perm' 2	Svrd	19시58분	20분	20시18분
8105	Balezino	Gor'k	23시51분	23분	00시14분
8342	Kirov Pass	Gor'k	03시25분	20분	03시45분
8798	Goriki Mock	Sev	09시44분	15분	09시59분
9049	Blagimir Pass	Sev	13시12분	23분	13시35분
9259	Mockva Yaroblavbkaya	D-Vos	16시44분		

모스크바 출발, 블라디보스토크 시베리아 특급 횡단열차 시간표 (140번 열차)
ROOM TYPES : 룩소(2인 1실) , 쿠페(4인 1실), 3등실(6인 1실)

거리	정차역	철도명	도착시간	정차	출발시간
0	MockvaYaroblavbkaya	Msk			00시35분
330	Nerehta	Sev	05시59분	06분	06시05분
376	Kostroma Nobaya	Sev	07시00분	25분	07시25분
502	Gali'ch	Sev	10시04분	25분	10시20분
702	Shar'ya	Sev	13시36분	10분	13시46분
958	Kirov Pass	Gor'k	18시49분	20분	19시09분
1195	Balezino	Svrd	22시51분	23분	23시14분
1438	Perm' 2	Svrd	02시59분	30분	03시29분

거리	정차역	철도명	도착시간	정차	출발시간
1819	Sverdllvsk Pass.	Svrd	09시28분	25분	09시53분
2145	Tyumen'	Svrd	14시30분	20분	14심50분
2434	Ishim	Svrd	18시08분	12분	18시20분
2568	Nazyvaevskaya	Z-Sib	20시11분	05분	20시16분
2717	Omsk	Z-Sib	22시04분	15분	22시19분
3041	Barabinsk	Z-Sib	02시19분	23분	02시42분
3343	Novosibirsk-Glavnyj	Z-Sib	06시46분	37분	07시23분
3573	Taiga	Z-Sib	10시52분	25분	11시 17분
3721	Mariinsk	Krs	13시27분	20분	13시47분
3854	Bogotol	Krs	15시45분	07분	15시52분
3922	Achinsk 1	Krs	16시49분	05분	16시54분
4105	Krasnoyarsk Pass	Krs	19시57분	27분	20시24분
4272	Zaozernaya	Krs	23시10분	02분	23시12분
4353	Kansk-Enisejskij	Krs	00시22분	02분	00시24분
4385	Ilanskaya	Krs	00시56분	20분	02시39분
4461	Reshoty	Krs	02시37분	02분	01시16분
4524	Taishet	V-Sib	03시40분	05분	03시45분
4688	Nizhneudinsk	V-Sib	06시21분	23분	06시44분
4804	Tulun	V-Sib	08시17분	02분	08시19분
4942	Zima	V-Sib	10시14분	25분	10시39분
5063	Cheremhovo	V-Sib	12시29분	02분	12시31분
5126	Usol'e-Sibirskoe	V-Sib	13시22분	02분	13시24분
5154	Angarsk	V-Sib	13시53분	02분	13시55분
5186	Irkutsk-Sort	V-Sib	14시29분	12분	14시41분
5194	Irkutsk Passazhirskij	V-Sib	14시54분	23분	15시17분
5320	Slyudyanka 1	V-Sib	17시24분	10분	17시34분
5486	Mysovaya	V-Sib	20시05분	02분	20시07분
5650	Ulan-Ude Pass	V-Sib	22시38분	23분	23시01분
5683	Zaigraevo	V-Sib	23시51분	02분	23시53분

거리	정차역	철도명	도착시간	정차	출발시간
5793	Pertovskij Zavod	Zab	01시10분	02분	01시12분
5943	Hilok	Zab	03시41분	19분	04시00분
6205	Chita 2	Zab	08시22분	21분	08시43분
6303	Karymskaya	Zab	10시42분	19분	11시01분
6454	Shilka-Pass.	Zab	13시33분	02분	13시35분
6497	Priiskovaya	Zab	14시19분	02분	14시21분
6535	Kuenga	Zab	15시04분	02분	15시06분
6594	Chernyshevsk-Zabajkaľsk	Zab	16시11분	25분	16시36분
6679	Zilovo	Zab	18시06분	02분	18시08분
6809	Ksen'evskaya	Zab	20시12분	02분	20시14분
6917	Mogocha	Zab	22시13분	15분	22시28분
7015	Amazar	Zab	23시58분	20분	00시18분
7122	Erofej Pavlovich	Zab	02시22분	02분	02시43분
7220	Urusha	Zab	04시24분	02분	04시26분
7316	Skovorodino	Zab	06시19분	02분	06시21분
7504	Magdagachi	Zab	09시24분	15분	09시39분
7569	Tygda	Zab	10시38분	02분	10시40분
7734	Shimanovskaya	Zab	13시01분	02분	13시03분
7818	Svobodnyi	Zab	14시15분	05분	14시20분
7876	Belogorsk	Zab	15시17분	35분	15시52분
7995	Zavitaya	Zab	17시51분	04분	17시55분
8040	Bureya	Zab	18시32분	02분	18시34분
8091	Arhara	D-Vos	19시25분	05분	19시30분
8201	Obluch'e	D-Vos	21시38분	15분	21시53분
8317	Bira	D-Vos	00시09분	02분	00시11분
8361	Birobidzhan	D-Vos	00시55분	05분	01시00분
8534	Habarovsk 1	D-Vos	03시19분	30분	03시49분
8662	Vyazemskaya	D-Vos	05시58분	16분	06시14분
8767	Bikin	D-Vos	07시46분	01분	07시47분

거리	정차역	철도명	도착시간	정차	출발시간
8850	Guberovo	D-Vos	09시02분	15분	09시17분
8886	Dal'nerechensk 1	D-Vos	09시49분	3분	09시52분
8943	Ruzhino	D-Vos	10시42분	4분	10시46분
9102	Muchnaya	D-Vos	13시29분	1분	13시30분
9120	Sibircevo	D-Vos	13시56분	2분	13시58분
9188	Ussurijsk	D-Vos	15시19분	15분	15시34분
9267	Ugol'naya	D-Vos	16시53분	2분	16시55분
9300	Vladivostok	D-Vos	17시37분		

*시차-모스크바 시각 기준

시차	지 역
0:	모스크바 → 야로슬라브스키 → 야로슬라블 → 다니로프 → 부이 → 샤리아 → 키로프→ 발렌지노 → 쿠지마(1.267km)
+2:	페름 → 예카테린부르크 → 튜멘 → 타쉬켄트 → 안드레브스키(2,496km) → 만구트(2,518km) → 옴스크 → 바라빈스크 → 노보시비르스크
+3:	볼로트나야 → 틴(3,470km)
+4:	타스카에보(3,479km) → 타이가 → 마린스크 → 크라스노야르스크 → 일란스카야 → 토칠르니(4,472km)
+5:	우랄로클루치(4,477km) → 타이쉬에트 → 이르쿠츠크 → 슬류디안카 → 울란우데→ 울란바토르 → 키즈하(5,773km) → 서울
+6:	페트롭스키자봇(5,784km) → 칫다 → 모고챠 → 스코보로디노 → 벨로고르스크 → 아르하리 → 야르딘(8,184km)
+7:	오블루치에(8,190km) → 비로비잔 → 하바로프스크 → 자루비노 → 우수리스크 → 블라디보스토크(9,289km)

도시별 여행 TIP

−시베리아횡단철도와 몽골횡단철도

블라디보스토크를 벗어나면 차창 밖으로 장대한 시베리아 벌판이 펼쳐진다. 낙엽송, 전나무 등이 우거진 침엽수림이 나타나는가 하면 가도가도 끝없는 초원이 이어진다.

푸른 들판과 침엽수림은 겨울이 되면 눈을 뒤집어 써 온통 하얀 세상으로 바뀐다. 열차는 하바로프스크에서 라마교의 흔적이 있는 울란우데*Ulan Ude*를 지나 시베리아의 장관인 바이칼 호수와 이르쿠츠크를 거쳐 끝없이 서쪽으로 달려간다. 노보시비르스크, 도스토예프스키의 유형지로 유명한 옴스크와 제정러시아 마지막 황제가 숨진 예카테린부르크 등 58개 역을 지나 7일째가 되면 종점인 모스크바의 야로슬라브 역에 도착해 6박 7일간의 대장정이 끝나게 된다.

극동에서 시베리아로 가는 노선은 크게 보아 이처럼 블라디보스토크에서 출발하여 하바로프스크를 거치는 것과 베이징에서 시작하여 몽골을 거쳐 울란우데와 이르쿠츠크로 가는 두 가지 노선이 있다. 두 노선은 각기 특징을 지닌다.

블라디보스토크에서 시작하는 시베리아횡단열차는 드넓은 타이거를 거쳐 가며 러시아에서 시작하여 러시아에서 끝나 이국적인 향취를 보여준다. 몽골횡단철도로 일컬어지는 울란우데 행 노선은 베이징에서 출발하여 중−몽골 국경에서 열차 바퀴를 교체한 뒤 황량한 고비사막과 몽골의 수도 울란바토르를 통과한다.

도시별 여행 TIP

하산

* 동춘호 운항 정보 – http://ipcp.edunet4u.net/%7Ebaikdoo/tour/ship.htm
* 자루비노 항에서 버스를 타고 6시간 정도 가면 블라디보스토크에 도착
* 우골나야 역 – 블라디보스토크 역 근처이자 두만강에 인접한 하산 행 기차 노선이 있다.

블라디보스토크

* 현지 시간 : 모스크바 시각 + 7

* 교통편 : 항공편은 모스크바에서 하루에 두 번 직항 노선이 있다. 9시간 소요. R9300
  서울에서 직항이 있으며, 소요시간은 2시간 10여 분.
  열차는 모스크바 출발의 The Rossiya, 6일 반 소요. R3230
  서비스 센터 : 210404, 시간 08:00~12:00, 13:00~17:30, 월~금요일

* 시내교통
– 공항에서 시내까지 택시요금은 약 US$ 25 정도. 현지 교통수단은 트롤리와 트램으로 R5

* 호텔
– 호텔 현대(Hotel Hyundai) : 407205, 더블/트윈 – US$200
– 호텔 베르살(Hotel Versailles) : 264201, 싱글/더블 – R3600/4500
– 호텔 가반(Hotel Gavan) : 495363, 싱글/더블 – US$60/70
– 호텔 블라디보스토크(Hotel Vladivostok) : 412808, 트윈/더블 – R1500/1800

* 가볼 만한 곳
– 향토박물관(Arsenev Regional Museum)
  연해주 일대를 서방 세계에 알린 탐험가 아르세네프의 이름을 딴 박물관. 연해주 일대의 역사와 원주민의 생활상 시베리아 소수민족의 의상이나 일상용품과 여러 가지 동물의 박제들이 전시되어 있다.
  요금 – 성인 R70, 어린이 R35. 개관 시간 09:30~18:00, 월요일 휴관

– 블라디보스토크 요새 박물관(Vladivostok Fortress Museum)
  매일 정오 이곳에서 발포식이 거행된다. 러시아 해군의 요새로 블라디보스토크의 아름다운 풍경을 바라볼 수 있다.
  요금 R70. 개관 시간 10:00~18:00

– 연해주 미술 갤러리(Primorsky Art Gallery)
  17세기 네덜란드 회화와 러시아 화가들의 수작들이 전시되어 있다.
  요금 R100. 개관 시간 10:00~13:00, 14:00~18:30, 일·월요일 휴관

– 수족관(Aquarium)

희귀 어류와 관상어, 갑각류와 멸종 생물의 자료도 전시되어 있다.

요금 R70. 개관 시간 10:00~20:00, 월요일 휴관

하바로프스크

* 교통편
- 공항에서 시내까지

  1번 트롤리(R5)를 이용하면 약 30분 걸림. 택시로 호텔 인투리스트까지 약 R200.

  역에서 시내까지 1,2,4,6번 트램(R5)을 이용하여 무라비요프 아무르스키 거리에서 하차

* 호텔
- 호텔 투리스트(Hotel Turist) : 310327, 싱글/더블−US$18/24
- 호텔 아무르(Hotel Amur) : 217141, 싱글/더블−US$30/40
- 호텔 아메티스트(Hotel Amethyst) : 325481, 싱글/더블−US$40/60
- 호텔 삿뽀로(Hotel Sapporo) : 306745, 싱글/더블−US$95/105
- 호텔 인투리스트(Hotel Intourist) : 312313, 싱글/더블−US$70/78

* 가볼 만한 곳
- 향토박물관(Regional History Museum).

  요금 R84. 개관 시간 10:00~18:00, 월요일 휴관

- 극동미술관(Far Eastern Art Museum)

  규모는 작지만 레핀의 작품을 비롯하여 성화, 조각 등의 흥미로운 작품들이 많이 전시되어 있고 지역 어린이들의 콘서트가 열리기도 한다.

  요금 R95. 개관 시간 10:00~17:00, 월요일 휴관

- 레닌 광장

  하바로프스크 도시의 중심으로 지하철, 박물관, 백화점, 주점 등이 있다.

  레닌 광장에서 콤소몰 광장까지가 도시의 중심 도로인 무라비요프 아무르스키 거리이며, 끝에서 끝까지 도보로 약 20분 정도 소요.

- 아무르 강

  하바로프스크 시내 한복판을 흐른다. 동시베리아와 중국 동북지방의 경계로 중국에서는 '흑룡강'으로 불리며 북쪽 오호츠크 해로 이어진다. 유람선이 운행하므로 시간을 확인하여 탑승해 보는 것도 추억이 될 것이다. 아무르 강변의 일몰이 일품. 일몰 시간에 맞춰 유람선을 타는 것도 좋다. 단, 토·일요일 저녁에만 운행하므로 주말에 맞춰 여행에 나서는 게 좋다.

- 중앙시장 바자르

  인투리스트 호텔 근처 버스 정류장에서 트롤리 1번이나 2번 버스를 타고 레닌 광장 근처에 하차

후 푸시킨거리로 곧장 간다. 조선족 상인을 만날 수 있고 러시아 인의 일상을 체험해 볼 수 있다.
개관시간-여름철 06:00~19:00, 겨울철 07:00~19:00. 매월 첫째 일요일 휴장

비로비잔

식품가공, 농기계, 봉제, 목재가공, 의류, 신발 등의 제조업이 성하다. 농과대학과 지역 예술
박물관, 유대 뮤지컬 극장, 교향악단이 있다. 유대인 전통 가무 축제가 1991년부터 열리고 있
으며 교통수단으로는 비로비잔 기차편이 있다.

울란우데

* 현지 시간 : 모스크바 시각 + 5시간

* 호텔
– 호텔 게세르(Hotel Geser) : 싱글/더블-R930/1240 (아침식사 포함)
– 호텔 오돈(Hotel Odon) : 342983, 싱글/더블-R163~269/R305~485

* 교통편
시베리아철도 이용 시 블라디보스토크에서 3박 4일, 모스크바에서 하행 러시아호로 4박 5일.
항공편 이용 시 하바로프스크, 모스크바, 이르쿠츠크에서 이용 가능

* 가볼 만한 곳
– 역사박물관(Historical Museum)
맨 윗층에 불교 관련 다양한 소장품들이, 다른 층에는 사진, 지도, 예술작품들이 전시되어 있다.
요금 층당 R70. 개관 시간 10:00~17:30, 월요일 휴관

– 미술박물관(Fine Art Museum)
불교미술에서부터 러시아 사람들의 초상화 등이 전시되어 있고 카잔스키AV도 볼 만하다.
요금 전시장에 따라 R10~15. 개관 시간 10:00~17:00, 월요일 휴관

– 자연사박물관(Nature Museum)
바이칼 호의 특성과 이 호수에 서식하는 각종 동물의 박제가 전시되어 있다.
요금 R10. 개관 시간 10:00~18:00, 월·화요일 휴관

– 민속박물관(Ethnographic Museum)
도심에서 6km 정도 떨어진 곳으로 37ha의 넓은 초원지역에 자리잡고 있다.
1973년 이주자를 위해 처음 개방되었다. 부랴트족의 주거지가 그대로 보존돼 있으며, 시민의
휴식처로 사랑 받는 곳이다.
요금 R45. 개관 시간 10:00~17:00, 6월~8월 매일

– 이볼긴스크사원(Ivolginsk Datsan)
요금 무료, 사진요금 사원 밖 R25, 사찰내부 사진당 R50.

울란우데의 반차로바(Bazarova)버스 정류장에서 104번(R35)으로 1시간 가량 소요.
6:50, 12:00, 16:20, 21:00 출발

리스트뱐카

바이칼 호수에서 앙가라 강이 흘러나오는 곳에 위치한 작은 마을.
바이칼 호수 주변에서 가장 널리 알려진 휴양지. 호소박물관이 마을 입구에 자리잡고 있다.
이르쿠츠크의 시외버스 터미널에서 이곳으로 향하는 버스편이 있다.

이르쿠츠크

* 현지 시간 : 모스크바 시각 + 5시간

* 교통편
- 열차는 모스크바에서 9, 10번 바이칼 호 이용 R3700, 77시간 소요, 블라디보스토크에서 상행
  선 이용 R3300, 72시간 소요
- 열차역에서 시내 중심으로 가는 버스나 전차가 있고 소요시간은 10분 정도

* 호텔
- 호텔 인투리스트(Hotel Inturist) : 250167, 싱글/더블 – R2000/2200
- 호텔 앙가라(Hotel Angara) : 255105, 싱글/더블–R990/1430

* 가볼 만한 곳
- 스파스카야 교회
  현재 향토 박물관으로 사용되고 있다. 예전 이르쿠츠크에 살았던 러시아 인과 뷰럇트 인, 여
  타 소수민족의 생활상이 전시되어 있다. 박물관 앞의 흰 건물은 화이트 하우스라고 불리는데
  동 시베리아 총독부가 있었던 장소이다. 현재는 이르쿠츠크 대학 도서관으로 이용되고 있다.
  요금 R60. 개관 시간 10:00~18:00, 월요일 휴관

- 폴스카야 교회
  시베리아에서 유일한 고딕양식의 교회

- 데카브리스트 기념관
  볼콘스키 기념관 : 요금 R50. 개관 시간 10:00~18:00, 월요일 휴관
  트루베츠코이 기념관 : 요금 R40. 개관 시간 10:00~18:00, 금 · 토 · 일요일 휴관

- 즈나멘스키 수도원
  데카브리스트의 난 이후 유형지에서 숨진 귀족들의 묘가 있는 곳

크라스노야르스크

* 현지 시간 : 모스크바 시각 + 4시간

도시별 여행 TIP

* 호텔
- 호텔 투리스트(Hotel Turist) : 361470, 싱글/더블−US$20~40
- 호텔 크라노야르스크(Hotel Kranoyarsk) : 273754, 싱글/더블−R630/870

* 가볼 만한 곳
- 스톨비 자연공원
  다양한 형상의 암석 자연 경관을 즐길 수 있다. 리프트 이용 가능, 요금 R40
  50번 버스를 타고 Bazaikha Stream까지 간 후 남쪽으로 이정표를 따라 도보로 15분 정도 소요

- 성 니콜라이 호
  요금 R12. 개관 시간 : 10:00~18:00, 월요일 휴관

노보시비르스크
  *현지 시간 : 모스크바 시각 + 3시간

* 호텔
- 호텔 노보시비르스크(Hotel Novosibirsk) : 201120, 싱글/트윈−R835/1471
- 호텔 시비르(Hotel Sibir) : 230203, 싱글/더블−US$44/73

* 가볼 만한 곳
- 아카뎀고로도크 : 시내에서 30km 떨어진 곳에 위치. 버스는 22, 36번 버스 이용

- 철도박물관 무료입장 : 개관 시간, 11:00~17:00, 금요일 휴관

옴스크
  * 현지 시간 : 모스크바 시각 + 3시간

  * 교통 : 열차 역에서 4번 트롤리버스가 시내로 다닌다.

  * 호텔
- 호텔 시비르(Hotel Sibir) : 312571, 싱글/트윈−R300/600
- 호텔 옴스크(Hotel Omsk) : 310721, 싱글−R350~550 / 트윈−R600~800
- 호텔 이르티시(Hotel Istysh) : 232702, 싱글−550~700 / 트윈−R680~800

  * 가볼 만한 곳
- 도스토예프스키 박물관(전화 24 29 65)
  요금 R20. 개관 시간 10:00~18:00, 월요일 휴관

- 성 니콜라스 성당

- 역사박물관(전화 31 47 47) : 요금 R10. 개관 시간 10:00~21:00, 월요일 휴관

예카테린부르크
* 현지 시간 : 모스크바 시각 + 2시간

* 호텔
- 호텔 볼쇼이 우랄(Bolshoy Ural Hotel) : 556896, 싱글/더블－R243/640
- 호텔 프리미어(Hotel Premier) : 563897, 싱글/더블－US$83/117

* 가볼 만한 곳
- 피의 교회 : 로마노프 왕가를 기리기 위해 지어진 교회

- 사진 박물관 : 옛 예카테린부르크를 그려볼 수 있는 사진과 최근 전시 작품들 소장
  요금 R10. 개관 시간 11:30~17:30, 화요일 휴관

- 도시건축과 우랄공업기술 박물관 : 요금 약 R12

- 우랄 지질학박물관 : 우랄지역의 광물 500여 종과 운석 소장품 전시
  요금 R30. 개관 시간 11:00~17:00, 주말 · 월요일 휴관

페름
* 현지 시간 : 모스크바 시각 + 2시간

* 교통 : 버스나 트롤리버스, 7번 트램이 역에서 도심으로 연결되어 있고 택시로는 R80 정도 지불

* 가볼 만한 곳
- 아트갤러리 : 요금 R15. 개관 시간 11:00~17:30, 월요일 휴관

- 민족학 박물관(Ethnographic Museum)
  지역의 주요 동물들의 박제품 전시
  요금 R10. 개관 시간 10:00~18:00, 금요일 휴관

- 페름 주립 드라마극장

니주니 노보고르드
* 교통 : 트램 1번이 열차 역에서 도심을 연결한다.

* 호텔
- 호텔 볼나(Hotel Volna) : 961900, 싱글/더블－US$120/180

* 가볼 만한 곳
- 크렘린 내
  미가엘천사장(Archangel Michael) 성당(09:00~14:00). 제2차 세계대전 영웅들의 기념비,

미술박물관(요금 R40, 10:00~17:00, 화요일 휴관) 크렘린 콘서트 홀 등이 볼만 하다.
- 건축박물관
  러시아 전통 목조건축물을 축소화해서 전시하고 있다.
  요금 R50. 개관 시간 10:00~16:00, 월요일 휴관

- 고리키 박물관
  개관 시간 09:00~17:00, 목 · 월요일 휴관

- 고리키 생가
  개관 시간 10:00~17:00, 월 · 주말 휴관

- 사하로프 박물관
  요금 R15, 개관 시간 10:00~17:00, 금요일 휴관

모스크바

* 시내 교통
  메트로(지하철) 11개 노선에 150여 개 역이 있고 주요 관광지는 지하철로 연결된다.
  버스, 트롤리버스, 트램이 있다.

* 시내 유람선 코스
  크렘린 궁의 전망 등 모스크바 인근을 유람선으로 즐길 수 있는 코스. 키예프 역에서 출발한
  다. 4월 하순~10월 초순까지 운행하며 주중/주말 티켓요금이 각각 R70/R140.
  'Capital Shipping Company' (277-3902)에서 운영한다.

* 가볼 만한 곳
- 붉은광장
  500m 길이에 너비 150m의 광장, 원래 차르의 관저였던 크렘린 궁전이 맞닿아 있다.
  원래 시장 광장이었으며, 17세기에는 '아름다운 광장'으로 알려졌다. 주변에 떡갈나무 말뚝으
  로 세운 13세기의 유일한 요새, 대성당 광장과 레닌 영묘(10:00~13:00, 월 · 금 휴장), 상트
  바실리 대성당, 유리 천장의 긴 통로가 있는 굼 백화점이 있다.

- 성 바실리 사원 : 개관 시간 11:00~17:00, 화요일 휴무

- 국립역사박물관 : 요금-성인 R150, 학생 R75. 개관 시간 11:00~21:00, 화요일 휴관

- 톨스토이 박물관 : 요금-성인 R100, 학생 R50. 개관 시간 11:00~18:00, 월요일 휴관

- 푸시킨 기념관 : 요금 R25. 개관 시간 11:00~18:00, 월요일 휴관

- 푸시킨 박물관 : 요금 R25. 개관 시간 화 · 수 · 금~일요일 11:00~18:00, 목요일14:00~
  19:00, 월요일 휴관

– 페레델키노의 파스테르나크 별장

파스테르나크가 〈닥터 지바고〉를 완성했고 1960년 숨질 때까지 머물렀던 모스크바 서쪽 근교의 별장. 현재 기념관으로 운영되고 있다. 개관 시간은 목~일요일 10:00~16:00. 전화 095-934 5175. 모스크바 시를 벗어나 승용차로 30여 분 거리. 열차로는 모스크바 키에프 역에서 20분 거리(칼루가 II행)다.

상트페테르부르크

* 시내 교통 : 대중교통은 대개 06:00~01:00 운행. 택시는 타기 전에 반드시 가격을 흥정해야 한다.

* 호텔
– 호텔 네바(Hotel Neva) : 2780504, 싱글/더블–US$36/52
– 호텔 마샬(Marshal Hotel) : 2799955, 더블 US$80
– 호텔 상트페테르부르크(Hotel St Peterburg) : 3801919, 싱글/더블–US$50/60

* 가볼 만한 곳
– 표트르 대제의 통나무집
요금–성인/학생 R20/10. 개관 시간 10:00~17:00, 화요일 휴관

– 페트로파블로프스크 요새
입장 무료, 건물 입장 요금 성인/학생 R120/60
개관 시간 목~월요일 10:00~17:00, 화요일 10:00~16:00

– 성 이삭 성당
요금–성인/학생 R240/120. 개관 시간 11:00~18:00, 화ㆍ수요일 휴관, 매월 마지막 주 월요일 휴관

– 피의 성당
요금–성인/학생 R240/120. 개관 시간 11:00~18:00, 수요일 휴관

– 러시아 미술 박물관 아카데미
요금–성인/학생 R60/30. 개관 시간 11:00~18:00, 월ㆍ화 휴관

울란바토르
– 역사박물관
4만 년 전 동굴 벽에 그린 말 타는 모습의 그림, 전통 복장, 전통 악기, 유목민의 독특한 생활 용품, 칭기즈 칸에 관련된 자료들이 많다.

- 에르덴조 사원
  몽골 최초의 라마불교 사원. 다른 사원들의 동양적 풍격과 달리 동서양의 건축양식이 독특하게 조화를 이루고 있다. 불교의 108번뇌를 상징하는 108개의 스투파(석탑)가 장관이다.

- 복트 칸 궁전
  개장 시간 10:00~17:00, 목요일 폐관

- 간단 사원
  연중 내내 다양한 종교 행사로 볼거리가 많으며 늘 사람들로 붐빈다. 사원 내 사진 촬영 금지.

- 국립공원 테렐지
  말을 빌려 푸른 들판을 달려 볼 수 있다. 몽골 고유의 천막집 게르나 아늑한 게스트룸 숙박 가능.

- 자연사박물관(Museum of Natural History)
  수크바토르 광장의 북서쪽으로 한 블럭 떨어진 곳에 위치. 몽골의 지질, 동식물, 몽골 근대사 유물들이 전시되어 있다. 고비사막에서 발굴된 타르보사우르스(Tarbosaurus), 사우롤로프스(Saurolopus) 등 공룡뼈를 볼 수 있다.

- 수크바토르 광장(Sukhbaatar)
  울란바토르의 중심부에 위치. 1921년 7월 '혁명영웅' 담디니 수크바토르(Damdiny Sukhbaatar)는 이곳에서 중국으로부터의 몽골 독립을 선언했다. 1989년 공산주의의 몰락을 빚은 첫번째 민중집회가 열렸던 곳이기도 하다.

베이징
- 만리장성
  요금 45위안(학생 22.5위안), 케이블카 60위안

- 쯔진청(자금성)
  요금은 비수기(매년 11월 1일~3월 31일)에는 40위안, 성수기(매년 4월 1일~10월 31일)에는 60위안. 학생은 중학생까지는 무료, 20위안

  ※ 진보관(珍寶館)과 종표관(鐘票館)은 각각 10위안씩 요금을 내고 들어갈 수 있다.
    개방 기간 10월 16일~4월 15일. 개방 시간 8:30~16:30(15:30까지 입장권 판매)
            4월 16일~10월 15일. 개방 시간 8:30~17:00(16:00까지 입장권 판매)